ニュートン 世界の旅客機シリーズ

AIRBUS A350

エアバスA350

東野伸一郎=監訳　小林美歩子=訳

NEWTON PRESS

A350 Contents

AIRBUS
A350
エアバスA350

©エアバス社/A・ドゥマンジュ

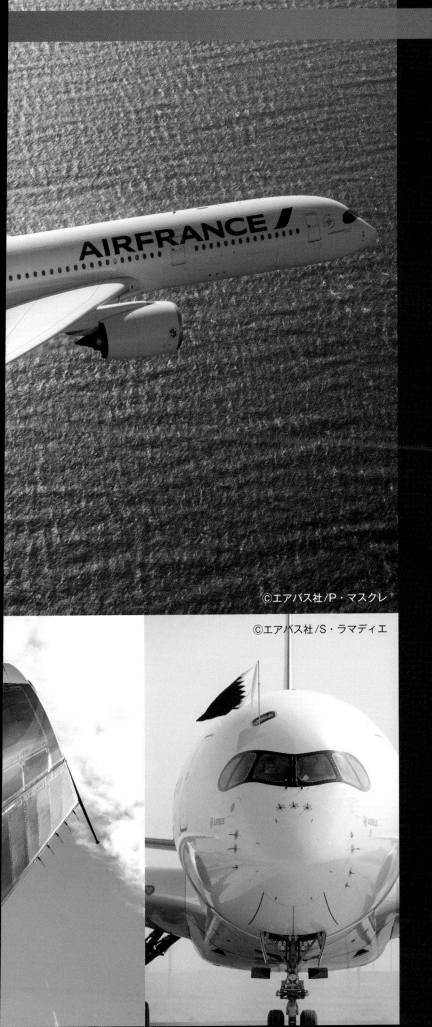

©エアバス社/P・マスクレ

©エアバス社/S・ラマディエ

はじめに

　エアバス社が2004年に最初のA350モデルをローンチさせたとき，上顧客は関心を寄せるどころか厳しい目を向けた。遠慮なく辛辣な批判を口にする顧客もあり，エアバス社は一から設計のやり直しを余儀なくされた。その結果生まれたのが，いまや世界中で目にすることができるA350エキストラワイドボディ機だ。

　製造されたのは二つのモデル。「900」と呼ばれる基本型のA350-941は収容旅客数が314席で航続距離が8300nm（15,372km）。「1000」と呼ばれる長胴型のA350-1041は収容旅客数が350席で航続距離が8500nm（15,742km）だ。

　世界で初めての双発ワイドボディ旅客機A300をローンチさせて以来，エアバス社は双発機をつくり続けている。自社の双発機志向と市場の傾向もあり，同社にはA350計画を貫く以外の選択肢はなかった。

　航空会社はこれまで，新材料やエンジン，システム技術から得られる運航費用削減効果に強い関心をもってきたし，これからもそうだろう。A350のローンチ当時は，ボーイング社の新型機787ドリームライナーが好調に売り上げを伸ばしていた。

　一方，エアバス社には直接対抗できる競合機がなかった。

　機体開発やサプライチェーンで問題が相次ぎ，計画には遅れが生じた。しかしその分，飛行テストや型式証明取得に向けた試験は順調に進み，カタール航空への初フェリーフライトが行われたのは2013年6月の初飛行からわずか18カ月後だった。

　同社の大型姉妹機A380と同様に，世界中の空港でA350の姿は人々の目を引きつけてやまない。優雅な外見，すらりとせり上がった翼端のウイングレットはもちろん，ニッコリ笑っているように見えるコックピットの窓枠デザインのせいもあるのではないだろうか。

　ハッピーなジェット機とでもいうべきものがあるとすれば，A350にはその資質がいくつかある。さまざまな関係者をそれぞれ別の理由で喜ばせる機体だからだ。一つ目に，エアバス社の主張に基づけば，これまでのどの機種より効率がよいため，地球環境の面で優位性をもつ。二つ目に，乗客は機内の快適性とスムーズな乗り心地を楽しむことができる。そして三つ目に，採算性にプラスにはたらく経済効果のおかげで，

　A350は航空会社の経営陣のお眼鏡にかなっている。もっとも，新型コロナウイルスの流行によって航空業界の収益は大きく変わってしまったし，未曾有の痛手は今後もしばらく続くだろう。

　A350は完成主翼の50％と構造体

の53％という高比率で複合材を使用している。機体全体では70％という桁外れの割合でチタン, アルミ合金, そしてもちろん複合材を含む高機能材料が使われているために, 同程度のサイズの機体より軽い。パワフルかつ燃料効率のよいロール

ス・ロイス社製トレント XWB エンジンと併せると, A350の運用コスト, 燃費, CO_2 排出量は旧世代航空機より25％低い, というのがエアバス社の売り文句だ。もちろん, あらゆる比較と同様に, 変動要因を考慮すれば, そのとおりに解釈すべき

かどうかは一概にはいえない。一乗客としては, 少なくともそう信じることで良心の慰めにはなる。とにもかくにも, エアバス社の世界一流の空気力学専門家と技術者チームは力を合わせて, 美しく見事な航空機をつくってみせた。A350, 万歳！

　2004年12月にA350の初代モデルが発表されたとき，航空会社の反応はあからさまに冷たかった。新型主翼に低燃費エンジンとはいえ胴体の断面はA330と共通で，標準的なアルミニウム・リチウム合金製だ。

　大手顧客からはエアバス社の双発ワイドボディ機の展望に失望する声がいくつか寄せられた。双発ワイドボディ機としてはその1年前にボーイングが787をローンチさせており，炭素繊維強化プラスチック（CFRP）の高い使用率や運航費用の確実な大幅削減で知られていた。

　当時のシンガポール航空CEOチュウ・チュン・センは『ウォール・ストリート・ジャーナル』誌に，「エアバスは全面的に設計を見直して機体を一新させるべきでした」と語った。国際輸送航空機貿易協会の2006年会議では，航空機リース会社であるILFC社の当時の会長スティーブン・ウドヴァーヘイジーが記者らの前で「787に対抗するだけの一時しのぎのやっつけ仕事に興味はありません」と辛辣なコメントを残している。

再設計

　当時のエアバス社CEOグスタフ・フンベルトは「顧客の期待に沿うよう一層努力する」ことを約束。結局，最初から設計を見直すこととなり，2006年7月のファンボロー国際航空ショーで，新設計のA350XWB（エキストラワイドボディ）が発表された。基本型のA350-900，長胴型のA350-1000，短胴型のA350-800の3機種だ。製造ローンチは同年12月。新型機の目玉は，エキストラワイドボディの名にふさわしく，より広い胴体断面，初代モデルより大幅に使用率をアップさせたCFRPやその他新材料，ロールス・ロイス社製のトレントXWBエンジンだった。

　A380開発の苦労や運航開始時の対処に追われていたときに，このような再設計はエアバス社にとって

第1章 開発

マーク・ブロードベントが，再設計，遅延，試験飛行を経た型式証明取得まで，A350-900開発の概要を解説する。

（上）南フランス上空を飛ぶ飛行試験に使用されたA350-900全5機。
（©エアバス社/S・ラマディエ）

（左）極寒・酷暑試験のためフロリダのマッキンリー気候研究所に送られたA350-900 MSN2。
（©エアバス社/S・ラマディエ）

アラブ首長国連邦アル・アインで高温試験を実施。（©エアバス社/エルベ・グッセ）

大変な約束だった。しかしローンチ仕切り直しの決断は成功し，一年以内にA350XWBの受注数は294に達した。

遅延

2011年6月に，最初に開発予定だったA350-900の初飛行と営業運航開始が6カ月遅れることになり，それぞれ2012年末と2013年末まで延期された。A350-800とA350-1000の初飛行も同様に延期となった。A350-1000用のトレントXWB-97エンジンは性能向上のため設計変更された。2014年のファンボロー国際航空ショーでA330neoを発表

したあと，エアバス社は結局A350-800の開発を中止。当時のCEOファブリス・ブレジエはこの決断について，顧客は「A350-900かA330neoに切り替えてくれると思います」と話した。

2011年11月には再び計画が見直されA350-900の初飛行は2013年初頭にずれ込むことになった。トゥールーズに新設された最終組み立てラインA350XWB FAL（Final Assembly Line）に胴体部品が到着し始め，静荷重試験用の機体MSN（製造番号）5000と初飛行試験用の初号機F-WXWB（MSN1）の組み立てが可能になった。そのころ，F-WXWB

の主翼がイギリス，ブロートンのエアバス工場から到着する予定だったが，2012年第2四半期に穿孔システムの制御ソフトウェアに思わぬ障害が見つかる。問題は解決したものの同年7月に3度目の延期が発表され，初飛行は2013年中ごろ，運航開始は2014年後半となった。

試験機MSN5000は2012年10月にFALからロールアウトし，2カ月後には初号機MSN1もこれに続いた。トレントXWB-84エンジンは3100時間に及ぶ1年がかりのエンジンテストを経て，2013年2月にヨーロッパ航空安全機関（EASA）の型式証明を取得した。

A350 MSN2の客室に搭載された飛行試験計測機材。
（©エアバス社／C・ブリンクマン）

機能統合ベンチ，リグ，実物大の静的試験供試体を用いて12,000時間を超える試験が実施された。写真はMSN1の初飛行前に行われた主翼の
終局荷重試験の様子。（©エアバス社／エルベ・グッセ）

試験

A350XWB計画がエアバス社にとって特に重要だったのは，サプライヤーが各担当分野の部品やソフトウェアを開発・製造するだけでなく，初めてそれらの認定試験実施にも責任を負ったという点だ。目的は試験工程をフロントローディング（設計初期に品質のつくり込みを綿密にすること）にして，すべての型式証明審査や就航開始プロセスを効率よく進めることにあった。

認定試験を最初に実施しておくことにより，エアバス社は統合前にテストを行って，機内システムについ

て第1段階の規格（S0）を取得することができた。エアバス社内技術情報誌『FAST』によると，トゥールーズのエアバス飛行統合テストセンターで，機能統合ベンチFIB（Functional Integration Bench）を用いて，機体構成品の各主要機能や，あらゆる機内システムのインターフェースがテストされた。

試験結果を踏まえて，最終組み立て試験（S1），初飛行（S2），運航開始（S3）というように段階的に成熟していく機内システムに合わせてソフトウェア規格も進んでいった。

地上試験リグ「ゼロ」を用いたテ

ストも行われた。スラットやフラップを展開する機械的な駆動軸，アクチュエーター，リンク機構は，ブレーメンの高揚力装置試験リグでテストされた。ランディングギア（降着装置）にはフィルトン（イギリス）の試験リグが用いられ，ハンブルク（ドイツ）の客室試験リグでは，A350XWB全胴体のモックアップに結合したFIBを用いて，客室システムの試験が行われた。トゥールーズでは2台の統合シミュレーターを用いてシステム間のインターフェースをテスト。最後に同地のテストベンチ「アイアンバード」

フランス南部のイストル空基地の滑走路で水吸い込み試験を行うA350-1000型機。写真は下から写した様子。
（©エアバス社/J・F・ブラマード）

で，すべての油圧ポンプ，モーター，アクチュエーターを含めた全体の油圧，電気，飛行制御系がテストされた。

統合シミュレーターとアイアンバードはのちに接続され，初飛行試験用機体に搭載されるものと同一の機器類を備えた静的試験供試体である航空機「ゼロ号機」が完成した。「ゼロ号機」ではシステムを隈なく調べ，バーチャル初飛行によって機体のシステム動作の妥当性確認が行われた。これとは別に試験機MSN5000を用いて疲労試験作業が進められた。評価作業をすべて合わせると，2013年6月の初号機MSN1初飛行までに試験時間は12,000時間を超えていた計算になる。

試験飛行

2013年6月14日，トゥールーズ・ブラニャック空港で，初号機F-WXWBが初飛行を行い，2500時間に及ぶ型式証明取得試験プログラムが始まった。2番目に飛んだのは第3号機MSN3（機体記号F-WZGG），2013年10月14日のことだった。3番目と4番目の第2号機MSN2（F-WWCF）と第4号機MSN4（F-WZNW）は，いずれも2014年2月26日に飛んだ。CFRP使用率の大幅アップを強調するため，MSN2には特徴的な「カーボン樺様」の塗装が施された。試験飛行最終機MSN5（機体記号F-WWYB）の初飛行は2014年6月20日だった。

型式証明取得試験には，カナダのイカルイトで行われた寒冷地試験や，フロリダのエグリン空軍基地併設のマッキンリー気候研究所での極寒・酷暑試験（45℃からマイナス40℃）も含まれる。高地試験はボリビアのラパスで，高温試験はアラブ首長国連邦のアル・アインで行われた。MSN2とMSN4には完全な客室が艤装されて，客室関連の試験と初期長距離飛行が行われた。MSN4は外部騒音，落雷試験，コックピットのヘッドアップディスプレイ試験に用いられた。MSN5は路線実証試験やETOPS認証用に使われた。

ETOPS（Extended-range Twin engine aircraft Operations：双発機による長距離進出運航）

2016年5月2日，アメリカ連邦航空局（FAA）はA350-900型機に180分超のETOPS（エンジン1基での飛行能力の証明）を認可。アメリカ国内路線の主要キャリアであるアメリカン航空とデルタ航空に2017年からA350XWBを納入する予定で準備を進めていたエアバスにとって，FAAから認可を得られたことは重要な節目となった。

3時間以上のダイバージョン（代替空港までの飛行）が認められたことにより，FAA管轄下で最初にA350XWBを運航するこれらの航空会社は，エアバス社が「無着陸路線」と呼ぶ直行便を増やすことが可能になった。エアバス社は，「（ダイバージョンが3時間以内に設定された）既存路線で運航している航空会社は，より直線的で燃費のよい飛行ルートで飛べるようになりCO_2排出量を減らすことができるだけでなく，必要な場合にアクセスできる航路上の代替空港の数も増える」としている。

FAAによる認可には，条件を満たせばETOPS-300を認める規定も含まれていた。つまり5時間のダイバージョンであり，エアバス社によれば，標準大気条件下のエンジン1基故障時の速度で最大2000nm（3704km）の距離に相当する。

営業運航経験を積めば，A350-900型機を運航するFAA管轄下の航空会社にはETOPS-370がさらに認められることになるが，これは標準大気条件下でのエンジン1基故障時の速度で最大2500nm（4630km）の距離に相当する。A350-900型機を運航するヨーロッパ航空安全機関（EASA）管轄下の航空会社には，すでに2014年10月に，180分超のETOPS認定が与えられていた。この最初のEASAによる認可にもETOPS-370規定が含まれていた。

営業運航はこの3カ月後に開始されたが，就航前にこれほどのレベルでETOPSが認可された航空機はA350XWBが初めてだった。これまでのワイドボディ機は，ETOPS-180認可を受けて運航開始し，のちに問題がないことが確認されてから，より高度なETOPS認可を取得するのが通常だった。たとえばA330は1994年に運航開始したが，180分超のETOPS認可を取得したのは2009年になってからだ。

そうした点で，FAAによる180分超のETOPS認可と，ETOPS-330，ETOPS-370規定には大きな意味があった。A350-900型機の長距離飛行のために必要な，二大航空局によるETOPS認定がそろったのだ。

長距離化

より長い距離を飛ぶという選択肢に関して，エアバス社は次のように話す。「特に東南アジアからアメリカ，オーストラリアほか南太平洋からアメリカといった，太平洋の北部から中央部を横断する効率のよい航路を設定しやすくなりました」。アメリカの航空会社は小型大型両方のワイドボディ機と並行してA350XWBを中～長距離基幹ルートに使用する予定であり，ETOPS認可と長距離規定がもたらす恩恵が，同機をこの計画の礎に据えるうえで重要なステップとなるのは明らかだ。

ほかの航空会社も，ダイバージョンの時間や距離が延びれば，より柔軟に直線的で燃費のよい飛行ルートを使用して航空機を飛ばすことができる。必要な場合に航路上でアクセスできる代替空港の数も増え，設備のよい空港を利用することも可能になる。

型式証明取得，引き渡し，思わぬ問題

A350-900型機は2014年9月30日にヨーロッパ航空安全機関の型式証明を取得し，続いて2014年11月13日にFAAから認可を受けた。量産初号機A7-ALA（MSN26）は，ローンチカスタマーであるカタール航空に2014年12月22日に引き渡されている。乗務員の訓練と中東での短距離就航を経たあと，2015年1月15日にドーハからフランクフルトに向け，A350XWB初の大陸間営業飛行が実施された。

エアバス社はこうして，世界市場

で人気の双発機，ボーイング787ドリームライナーに対抗するべく，新型主翼，複合材，市場初のエンジン型式を誇る見た目のよいジェット機，A350エキストラワイドボディをつくり上げた。しかしA350の開発はエアバス社にとって諸刃の剣でもあった。狙いどおり787ドリームライナーと張り合うことはできたものの，都合の悪いことに双発エンジンの経済性と直行便の飛ばしやすさから，A350 1000がA380より好まれることになってしまった。

A380の受注がストップして数年後，エアバス社はやむにやまれず，2019年2月14日，この主力モデル

フランス南部のイストル空基地の滑走路で水吸い込み試験を行うA350-1000型機。左の写真は上から，上の写真は正面から写した様子。
（©エアバス社／J・F・ブラマード）

の生産終了を発表。13年間の製造期間中に251機を売った巨大ジャンボジェットの最終製造機は2021年にトゥールーズ最終組み立てラインをあとにすることになる。

　エアバス社は長い間，混雑する空港や増える航空旅客数の問題をA380が解決するはずと信じていた。現実には，ボーイング777型や787型，そして自社のA350などの効率的な長距離双発ワイドボディ機が，収容旅客数の多い4発エンジンへの需要を鈍らせることになった。まさにそれを表すように，A380生産終了と同時に，エミレー

ツ航空はA330-900を40機，A350-900を30機発注したことを発表。引き渡しはそれぞれ2021年と2024年に始まる。

　そもそも全体の流れが変わり，航空会社はA380やボーイング747-8などの4発エンジン巨大旅客機を必要としなくなってきている。エンジン技術の改良や長距離運航の認可によって，ボーイング社やエアバス社の双発機は，双発ならではの経済性だけでなく性能の点でも4発機に匹敵するようになった。売り上げは伸びる一方で，747-8が市場に出てからの10年間でボーイング社とエア

バス社は双発機種の777または787，A330またはA350をそれぞれ1500機以上受注している。

エアバス社が所有する5機の大型輸送機ベルーガが主な部分組み立て品を最終組み立てラインに輸送。前胴部のセクション13，14を降ろす様子。（©エアバス社／パスカル・ピジェール）

TAM航空のA350-900初号機。ステーション40で主翼と胴体が結合され，水平・垂直尾翼がとりつけられる。（©エアバス社）

第2章 製造

マーク・ブロードベントが，A350-XWB製造の核をなしたヨーロッパの共同作業を解説する。

フィンエアー機に塗装する作業員。機体面の塗膜を均一にする静電スプレー式のスプレーガンを使う。
（©エアバス社／フレデリック・ランスロー）

各工場の役割

　A350XWBはすべて，フランスのトゥールーズにある最終組み立てラインFAL（Final Assembly Line）で製造される。さまざまな機体構造部やシステムが南フランスに集まるのは，フランス，ドイツ，スペイン，イギリス各地のエアバス工場と，広く張りめぐらされたサプライヤーネットワークによる壮大な分業作業の成せる技だ。

　各工場はそれぞれが重要な役割を担っている。中央翼ボックス，キールビーム，レドーム，空気とり入れ口の製造と組み立てはナントの施設で行われる。サン＝ナゼール工場では，機首と中胴部の組み立てや艤装，機首と前胴部との結合および試験が実施される。サンテロワ工場はエンジンパイロンと後部パイロンフェア

リングの製造，組み立て，統合を担当する。

　ハンブルク工場は客室と胴体の開発やテストを手がけ，後胴部の組み立てと艤装，および前胴部の艤装も行う。シュターデ工場は後胴部の上半部・下半部と主翼上面部を製造し，垂直尾翼の組み立て，艤装，テストを実施する。ブレーメンでは貨物積載システムの開発，舵面の開発とテ

ト，フラップ組み立て，主翼艤装が行われる。

スペインで最も多く担当作業を請け負っているのはヘタフェ工場だ。後胴部，尾部，主翼上面部と下面部の開発，水平尾翼の組み立てとテスト，およびセクション19全体（最後胴部）の組み立てを行っている。イジェスカスの施設は主翼下面部の製造と組み立てを担い，セクション19用の胴体全外板を製造。水平尾翼ボックスはプエルト・レアル工場で組み立てられる。

イギリスでは北ウェールズのブロートンで主翼とウイングボックスの組み立てと事前艤装が行われ，ブリストル近郊のフィルトン工場は主翼とランディングギアの開発，ランディングギアと燃料系統のテストが進められている。

ステーション50内のA350 MSN99。
（©エアバス社/H・グッセ）

最終組み立てライン

部分組み立て品はさまざまな手段で最終組み立てライン（FAL）まで輸送される。道路や海路はもちろん，主要な胴体部についてはエアバスの輸送機フリート，5機のベルーガが使われる（P14，15の見開き写真参照）。

A350XWBのFALは，エアバス社の技術者ロジェ・ベタイユにちなんで名づけられている。L字型の建物は全長125m，高さ35m。組み立てラインのスペースは面積53,000m^{2}に至る。加えて，加工工場，サポート部門，部品庫，オフィスを収容する付属の建物面積が21,000m^2。二つ目の建物とその別棟には32,000m^{2}の屋内地上試験や客室カスタマイズ事前作業用のスペース，4000m^{2}のロジスティクスホール，6000m^{2}分のオフィス，テクニカルセンターが入っている。FAL戸外には20,000m^{2}にわたってエプロンや誘導路が広がる。

組み立て作業を担うパートナー企業

現代ではどの航空機にもいえるように，A350XWBはその1台1台が国際分業の成果として生まれる。重要な部品製造を担うサプライヤーと提携して製造されたパーツは主要なエアバス社の生産拠点で統合され，それぞれ大きな部分組み立て品となる。たとえばGKNエアロスペース社は主翼の固定後縁部と外側フラップを製造し（外側フラップはフォッカー・エアロスペース社が下請けとなる），これをさらに別の施設に運んでほかの主翼部品と結合する。サプライヤーの分担を機体のセクションごとにまとめた。

◎前胴部
レドーム：エアバス社
セクション11，12（機首）：アエロリア社
セクション13，14（前胴部）：プレミアム・エアロテック社
フロアパネル：EFW社
乗客，貨物用ドア：エアバス・ヘリコプターズ社
客室窓：GKNエアロスペース社

◎中胴部
中央翼ボックス：エアバスUK社
キールビーム：エアバス社
主脚ドア：ダーラー・ソカタ社
胴体下面フェアリング：アレスティス・エアロスペース社
セクション15（中胴部）シェル：スピリット・エアロシステムズ社
フロアパネル：EFW社
乗客，貨物用ドア：エアバス・ヘリコプターズ社
客室窓：GKNエアロスペース

◎後胴部
セクション16〜18（中〜後胴部）上側シェル：エアバス社
セクション16〜18（中〜後胴部）サイドシェル：プレミアム・エアロテック社
セクション19（後胴部全外板）：エアバス社
後部圧力隔壁：プレミアム・エアロテック社
セクション19（後胴部）内部構造：アチュリ社

フロアパネル：EFW社
乗客，貨物用ドア：エアバス・ヘリコプターズ社
客室窓：GKNエアロスペース社

◎尾部＆テールコーン
垂直尾翼ラダー：ハルビン・ハーフェイ・エアバス・コンポジット製造センター
垂直尾翼ボックス：アチュリ社
水平尾翼：アエルノバ社
テールコーン：アレスティス・エアロスペース社

◎主翼
ウイングボックス構造：エアバス社
ウイングレット，翼端部：FACC社
エルロン：TAI社
スポイラー：FACC社，CCAC社
外側フラップ：フォッカー・エアロストラクチャーズ社
内側フラップ：SABCA社
前縁：スピリットUK社，ベルエアバス社
ドループノーズ：ベルエアバス社
後縁：GKNエアロスペース社，GEアビエーション社

◎ランディングギア
前脚：リーブヘル・エアロスペース・リンデンブルク社
主脚：メッサー・ブガッティ・ダウティ社

◎エンジン＆パイロン
トレントXWBエンジン：ロールス・ロイス社
パイロン主構造：エアバス社
後部パイロンフェアリング：エアバス社
パイロンフェアリングパネル：CCA社
パイロン-主翼後部フェアリング：CCA社
後部二次構造：ダーラー・ソカタ社
空気とり入れ口：エアバス社
データ提供：エアバス社，GKNエアロスペース社

最終組み立て中のモーリシャス航空A350。（©エアバス社／H　グッセ）

ステーションからステーションへ

　胴体部はすでに内部艤装が完成した状態でヨーロッパに点在するさまざまなエアバス拠点からFALに到着する。エアバス社はFALでの設置やテスト作業を削減するためだと話す。たとえばギャレー（調理室），クルーの休憩エリア，トイレは，最終組み立て前のステーション59と呼ばれる段階で，それぞれの胴体セクション内に設置される。エアバス社は「ほかのプログラムに比べてA350XWBは機能テストを早い段階で行うことができます」と説明する。

　エアバス社はこれまでのワイドボディ機種と比べて最大30％の組み立て時間削減をめざしている。そのため，部分組み立て品はトゥールーズ到着前にすでにシステムが設置済みの状態だ。

　機体はそれぞれが次のような工程

を経て製造される。

　ステーション50：前胴部，中胴部，後胴部の部分組み立て品が結合され，この作業と同時にこれらの艤装作業も行われる。ノーズランディングギア（前脚）を設置後，機体はステーション40へ進む。

　ステーション40：主翼と尾部（水平尾翼，垂直尾翼，テールコーン）が胴体に結合され，この間も艤装作業は続く。メインランディングギア（主脚）とエンジンパイロンが設置されると初めて機体の全電源をオンにして機能テストが開始される（パワーオン）。最初の客室艤装作業がこれと同時進行で行われ，サイドの壁と床，天井パネルとオーバーヘッドビン（頭上荷物棚）がとりつけられる。そして機体は次ステーション

へ進む。

　ステーション30：胴体下部フェアリング，ランディングギア用ドア，主翼前縁を含む最終的な構造部品が組み込まれる。

　同ステーションでは，機械装置システムと電気システム，アビオニクス（航空電子機器）システムの地上試験のほか，アビオニクスの電源投入試験も実施される。この段階で，シートやシート回りのケーブルの配線，ドアの内装，貨物室の内装，パーティション，ギャレー機器の配置などの客室艤装が行われる。水回りの床材には，これまでより速乾性の高い改良シール剤を用いているため，設置時間も短くてすむ。これが終われば次はステーション18だ。

　ステーション18：ここでは客室

与圧，空調，機内エンターテインメントまたはネット接続，そして客室通信データシステムのテストが実施される。燃料計の較正や検査，そしてすべての貨物と乗客用ドアの評価も行われる。

次に，四つあるワイドボディ機用塗装工場のうちの一つに運ばれ，機体が塗装される。使用されるのは低揮発性有機溶剤型のポリウレタン樹脂塗料だ。塗装作業員は静電スプレー式のスプレーガンを使う。機体面の塗膜均一性を高めるよう設計されており，塗料の使用量削減や，機体の軽量化につながっている。ここまで来ると，次は最終段階のステーション20だ。

ステーション20：トレントXWBエンジンが設置され，コックピット艤装が完成する。顧客に合わせた機内エンターテインメントやネット接続システム，カーテン，安全装置，プレミアムシートや特注の装飾や仕上げがすべて備えつけられる。面白いことに，5機の飛行試験用機体に備えられた試験機材はこの段階で搭載されている。

機体はエアバス社のフライトテスト・デリバリーセンターへ運ばれ，顧客の航空会社所属のパイロットも参加する試験飛行を行って飛行性やシステム操作を確認する。

試験に合格すれば，機体はアンリ・ジグラー・デリバリーセンターで正式に顧客に引き渡される。

A350XWBの製造工程は，最終組み立ての開始から顧客への引き渡しまで，フル稼働で2カ月半かかる。

最終組み立て中のA350 MSN44。（Ⓒエアバス社／P・マスクレ）

トレントWXB-84エンジンのとりつけ。（©エアバス社／P・マスクレ）

新ベルーガXL

エアバスの航空機製造プロセスでは，ヨーロッパ中に散らばる工場間や，トゥールーズの最終組み立てラインまで，部分組み立て品や巨大部品が輸送される。そこで重要な役割を果たすのが，エアバスの輸送機フリート，5機のベルーガだ。2014年，エアバス社は，1990年代半ばから使用してきた同機の後継として新世代ベルーガXLを導入すると発表した。

A330-200Fを土台にしたベルーガXLは，A330-743Lと呼ばれる（旧ベルーガはA300Fが土台）。断面も長さも増え，積載容量は旧型の最大103,616lb（約47t）から116,845lb（約53t）にアップする。エアバス社によればベルーガXL5機全体で輸送能力は30％向上する見込みだ。

これはもちろんA350XWB製造に直接影響する。エアバス社は公の場で「A350XWB増産，その他機種の生産速度向上に求められる輸送能力需要に対応する

ため，2014年11月にベルーガXLをローンチさせました」と述べている。旧型がA350XWBの主翼を片側1枚しか運べなかったのに対し，新ベルーガXLは一度に左右2枚運ぶことができる。新型コロナウイルスが流行する前，エアバス社はA350XWBの製造を1カ月あたり10台に増加することを決定していた。ベルーガXLがA350XWBの生産性を高めるのに活躍するのは間違いない。

2015年9月，XLの構想段階を終えた設計チームはデザインフリーズ（設計にそれ以上の変更を加えないこと）を決定した。

ベルーガXL初号機（機体記号F-GXLG）の組み立ては2017年に始まり，2018年7月19日に初飛行，2019年11月13日に型式取得，2020年1月9日に運用が開始している。

第3章 技術編

A350の主翼，エンジン，降着装置，フライトデッキ，設計とシステムについて解説する。

製造が開始されたA350-1000用主翼。（©エアバス社）

1. 主翼

マーク・ブロードベントが主翼の設計と工学の概要を紹介する。

A350の主翼を設計するためにエアバス社が行った風洞実験は4000時間を超える。翼は薄型断面で先端に向かって優雅な曲線を描く翼端が特徴であり，これまでにエアバス社でつくられたウイングレットつきの翼のうちで最も効率的なデザインの一つだとエアバス社は胸を張る。いうまでもなく効率は燃費向上に欠かせない（監訳注：ウイングレットは「誘導抵抗」と呼ばれる抵抗を減少させる働きがある）。注目すべきは，A350が高強度軽量炭素繊維複合材料を主翼に使った最初の旅客機である点だ。実際，主翼の50％が複合材を占める。主翼上面部はドイツ，下面部はスペイン，前縁はスコットランドのプレストウィック（スピリット・エアロシステムズ社），後部スパー（桁）はイギリス（GKN社），前部スパー（桁）はアメリカ（スピリット・エアロシステムズ社）

というように，各国の会社がそれぞれの部品を製造する。

すべての部品はウェールズのブロートンに運ばれて組み立てられる。

製造工程を効率よく進めるために，最初の主翼部品は垂直ではなく水平の特殊な治具上で組み立てられる。

工程は構造体ステーションで始まる。まずアルミニウム製の前後桁をアルミリチウム製リブに結合し，ウイングボックスと呼ばれるフレームをつくる。

構造体ステーション内ではまた，のちの穿孔作業用に，一体型のCFRP製主翼上面部と下面部を主翼構造の定位置に一時的に嵌めあわせる。このウイングボックスは次に自動穿孔ステーションに移されて，穿孔作業が行われる。

孔開けが終わると主翼上面部と下面部は外されて，バリとり，シール作業のあと，ウイングボックスに再びとりつけられる。そしてボルト締結ステーションで接着剤とボルトを用いてすべてが固定される。外板を部分的に構造体に接着することによって，主翼上面部と下面部に開けるドリル孔の数を減らしている。

こうして組み立てられたウイングボックスには，仕上げと塗装の前に，燃料タンクと油圧コンポーネントの一部，そして内部構造体が装着される。

長さ32.2mの主翼は複合材の民間航空機コンポーネントとしては最長だ。次にこれをベルーガまたはベルーガXLでブレーメンに空輸し，残りの油圧コンポーネント，電気系統，空気圧系統，操縦舵面，高揚力装置をとりつけ，艤装する。完成するとトゥールーズへ空輸され，ここで最終組み立て工程に入る。

工具類や，工程ごとに製造速度の変更に対応可能な治具を備えた自動

イギリス、ブロートンのエアバス拠点で組み立てられるA350XWBの主翼。（©エアバス社）

間欠組み立てラインを提供したのは，アメリカのエレクトロインパクト社だ。本社をワシントン州ムキルテオ（監訳注：ボーイング社エバレット［B787組み立て］工場の近く）に置く。「間欠」とは，コンポーネント（この場合は主翼）がステーションからステーションへ，断続的に自動走行車で移動することを指す。通常は構造体ステーションから自動穿孔ステーション，接着・ボルト締結ステーション，治具分離ステーションへと移動していく。これもまたA350製造の画期的な点だ。これまで，どの民間航空機計画でも，

主翼組み立てラインに間欠移動がとり入れられたことはなかった。

エレクトロインパクト社はほかにも，主な組み立てステーションに配置されるウイングボックス仮止め用の移動式ロボット穿孔機や，炭素アルミチタン製コンポーネントに孔を開けることができる大型ガントリー式穿孔機やスレーブファスナー（仮止め用のボルト型留め具）挿入機も提供した。これらの機械が一体となって，主翼上面部と下面部両方に何千もの孔を開けスレーブファスナーで留める作業を集中して行う。

型式の異なる大型部品も，ハンド

リング用フレームで迅速かつ容易に特定の組み立てステーション間を往復させることができる。

プラットフォームや足場はすべて人間工学に基づき製造ラインで働く技術者たちがアクセスしやすいよう工夫されている。

2013年12月にはA350主翼の荷重試験が終了した。この試験では，機体の構造設計の妥当性を実証する目的でつくられた静荷重試験用機体を使って，それを超えればおそらく破損するという限界点である許容終局荷重を模すために，主翼を屈曲させる（たわませる）。

最初に製造されたA350-1000用主翼。(©エアバス社)

試験に使用される荷重は，運用期間中に機体が受ける可能性のある荷重の最大値，つまり最大重量に2.5倍の安全率をかけて算出される。A350の場合，翼端のたわみが5mを超えるほどの荷重だ。

エアバス社はこう説明する。「10,000以上の歪センサーの計測チャネルを使って，機体に生じる歪みをリアルタイムで測定したり，監視したりしています。記録した膨大な量のデータを分析し，機体設計に使われた構造解析用コンピューターモデルの妥当性を検証しました」

形を変える翼

翼の形状（監訳注：ここでは，翼断面や機体前方あるいは後方から見たときの翼のたわみのこと）は燃費に影響する。ただ，翼の形状は設計で決めるだけでなく，飛行中に受ける荷重の分布にも左右される。エアバス社が達した結論は，常に変化する荷重に対応するように飛行中に変形（モーフィング）できるようにすることだった。そうすれば飛行中の空力特性を連続的に最適化でき，翼の効率を最大限に高めることが可能になる。このためにエアバス社は，舵面を制御する複数の技術を導入した。可変キャンバーはフラップを適切な角度に合わせるもので，内側フラップと外側フラップは必要に応じて別々の角度を選択できる。アダプティブ・ドロップド・ヒンジ型の後縁フラップは後縁形状を変化させて，フラップとスポイラー間の隙間を調節する。さらには突風荷重緩和機能もある。これはA380でも用いられている技術で，乱気流に遭遇するとエルロンによって突風荷重を翼全面に均等に分布させつつ，気流を全体に最適に保ち抗力を最小に抑えるものだ。

高揚力装置

エアバス社の技術陣は，A350の

主翼用に軽量の高揚力システムを選び，設計した。特に高温環境や高地での離陸上昇性能，安全な進入が可能な低速進入速度，特にピッチアップ特性とロール性能といった進入時の機体の姿勢を保つ操縦性のよさ，望ましい後方乱気流特性，空港地域周辺への影響を抑える低騒音性といった効果を得ている。

　A350の高揚力装置としては，内側前縁のドループ・ノーズ装置（前縁フラップ）と外側スラット，そしてアダプティブ・ドロップド・ヒンジ型のフラップが後縁に二つ設置され，これらはドループパネルと七つのスポイラーで覆われている。二つのエルロンはフラップの外側に位置している。

製造中のA350XWBパイロン。（©エアバス社）

最終組み立てラインに到着したA350XWBの主翼。（©エアバス社/H・グッセ）

トレントXWB-84，トレントXWB-97のどちらも，高後退角の3次元空力形状を有する総チタン製ファンブレードを22枚備えるが，トレントXWB-97はファンブレード先端の空力形状がトレントXWB-84のそれとは異なる。（©ロールス・ロイス社）

レントモデルと同じく（ただしトレントの原型であるロールス・ロイスRB211以外の大型ターボファンは別として），トレントXWBは2軸ではなく3軸設計だ。ロールス・ロイス社が扱う大型エンジンのマーケティング責任者を務めるティム・ボディは，2軸設計より軸長さを短く，高剛性化することが可能で，低圧軸，中圧軸，高圧軸をそれぞれ最も効率のよい速度で回転させることができると説明する。

3軸の回転数が最適化されることによって，エンジンコア後方の低圧タービン（LPT）段で駆動される低圧軸に接続されたファンの効率を最大化することができる。中圧圧縮機

（IPC）と中圧タービン（IPT）段にも同じことがいえる。高圧圧縮機（HPC）と高圧タービン（HPT）ローターも，最適速度で回転させることが可能だ。このため，ボディによれば，同等の2軸エンジンより圧縮機とタービンの段数が少なくてすみ，トレントXWBは2軸設計より軽量なのだという。

トレントXWBには，これまでのあらゆる大型ターボファンエンジンから際立った点が一つある。それは，座席数325，重量275tのA350-900型機の動力源である最大離陸推力84,200lb（38,192kg/38.19t）のトレントXWB-84モデルが，座席数366，重量308tのA350-1000型機の動力

源である推力97,000lb（43,998kg/43.99t）のトレントXWB-97と，寸法も外見もまったく同じという点だ。内部には大きな違いがあるが，外からはわからない。

ロールス・ロイス社がヨーロッパ航空安全機関（EASA）に提出した型式証明データシート（TCDS）には，トレントXWBはファンのスピナーコーン先端からノズル後部までの全長が5.81m，最大半径が2mとある。そのため，最も太い部分は直径が4mあることになる。

また，TCDSによれば，エンジンの最大乾燥重量（燃料，潤滑用オイル，油圧用オイルを除いた重量）は7277kg（7.277t）。つまりトレント

XWB-84の推力重量比は5.25：1となる。

　トレントXWB-84はこれまでに製造されたトレントシリーズ中で推力最大ではないものの（推力93,400lb（42,365kg/42.36t）のボーイング777-200ER用トレント895が最大），3mのファン直径はシリーズ中で最大だ。トレントXWB-97はこれよりずっと推力が大きいが，ファン直径は同じ3mだ。ボディに確認したところ，トレントXWB-84のバイパス比は，トレント1000とほぼ同等の9.3：1ということだった。ファンを通過する総空気流量は

最大推力時で約1436kg／秒だ。

　トレントXWB-84，トレントXWB-97のどちらも，高後退角の3次元空力形状を有する総チタン製ファンブレードを22枚備える。ただし，トレントXWB-97はファンブレード先端の空力形状がトレントXWB-84のそれとは異なる。トレントXWB-97のファンはさらに新たな材料を使って強化されている。また，必要最大離陸推力がトレントXWB-84より13,000lb（5896kg/5.89t）大きいトレントXWB-97は，最大推力時のファン回転速度が6％速い。そのために増加したファンブ

レードの生み出す力に耐えるには強度アップが必要だった。

　トレントXWB-84のファンモジュール後方には，8段の中圧圧縮機，6段の高圧圧縮機，20本の燃料噴射ノズルを備えタイルで覆われたシングルアニュラ型燃焼器が並ぶ。各ノズルは，高圧圧縮機から燃焼器に入る燃料と圧縮空気が渦を巻くように噴射するため，均質化された混合気は燃料濃度が高く，微粒子排出量が非常に低い。

　マーケティング責任者のボディによると，ベルギーの施設で，気流の3次元空力設計と空力モデルの大が

外見はトレントXWB-84と同じでも，トレントXWB-97の内部は約5％大きい。（©ロールス・ロイス社）

かりな研究が行われたという。トレントXWBの中圧・高圧圧縮機のブレードとベーン（羽根）上を流れる気流と圧力の最適なバランスを得るためだ。圧縮機段やタービン段を通過する気流を空気力学的に改良するために，トレントXWBは低圧軸と中圧軸が（エンジン前方から見て）時計回りに，高圧軸は反時計回りに回転するよう設計された。

ボディは「圧縮機の設計が，エンジン全体の効率向上に最も大きく貢献しています」と話す。内部で空気がファンから燃焼器に向かうまでに圧縮される率を表す全圧縮比は，トレントXWB-84の場合52：1を超え，現代では最高水準を誇る。

ボディの話では，前方軸受ハウジング（コアに向かう吸入側）内で，従来用いられてきた空圧シールをなくし，新しいカーボンコンタクトシールに代えているという。さらに，高圧圧縮機の始めの3段が「ブリスク」（bladeとdiskの合成語）と呼ばれるブレードとディスク一体型である点も，トレントXWBに新しくとり入れられた設計の特色の一つだ。このため，何千枚というブレード相当分のエンジン部品数を減らすことができ，圧縮機のブレードとローターハブ間の気流拡散とそれによる効率低下を抑制することが可能となる。

ボディの説明は続く。「高圧タービンは従来のトレントシリーズのとおり，一段のままです。高圧タービンブレードは単結晶合金からなり，ロールス・ロイス独自の五つの冷却路からなる内部冷却システムで冷却されます。燃焼器から噴出する高温の排気ガスに耐えられるように，高圧タービンブレードは新しい耐熱コーティングで覆われています」

ボディによれば「圧縮機段を通過する空気の圧力増加がバランスよく分布するよう，中圧圧縮機の圧縮比を，2軸エンジンに使われる同程度の低圧圧縮機のそれより高くすることが求められた」という。「このため，トレントエンジンでは初めて中圧タービンを2段に増やし，燃焼排気ガスからとり出す出力を増やしました。これによって，低圧タービンの直径と低圧タービンの段数（トレントXWBは6段）はそのままで，中圧圧縮機段の効率を上げることができましたし，エンジン重量も増やさずに済みました」

ボディは，トレントXWBのタービンについてこう話す。「複数段にわたる冷却路からなる新しいアダプティブ冷却システムのおかげで，ブレード先端の隙間を調節することができます。地上での走行時は冷却路を介した冷却を抑えることでケーシングを膨張させ，タービンブレード先端とタービンケーシング間の隙間を適度に空けることで先端の摩耗を防ぎます。飛行中の，特に巡航中は，冷却度を高めてケーシングを収縮させ，ケーシングとタービンブレード先端間の隙間を小さくします。ブレード先端の隙間は，エンジンの使用期間中は絶えず冷却システムによって調節されるので，定期的なオーバーホール間のエンジン摩耗度を設定値に最適化することができるのです」

トレントXWB-97

新たなファン材料の追加，ファンブレード先端の新しい空力形状，ファンの最大回転速度の向上に加え，トレントXWB-97のファンは，ファンローター後方に「インフレクテッド・アニュラス」を備えている。

これによって，ブレードの根元とスピナーコーンとがつながる位置が，外側に出っ張るのではなく内側に凹んだ箇所となり，その部分ではファンローターの内径が3mの外径よりわずかに小さくなっている。ボディによれば，この凹みによって，推力を生み出す空気が，すぐに後方に流れていかずに一時的にファン中心の裏にとどまる。空気がいったんとどまることによって，前方軸受ハウジングからコアへの吸入管に進入する気流が増大するのだという。

ロールス・ロイス社は，前方軸受ハウジングの製造に積層造形法（ALM，いわゆる3D印刷）を用い，これをいくつかの地上試験や飛行試験用のトレントXWB-97に使用した。ただし，ALM法の製造能力や生産能力が十分に確立されるまでは，顧客に提供するエンジンのハウジング製造にはALMを使用するつもりはないそうだ。

ハウジングは直径が1.5mあり，これまでで飛行試験に使用されたALM部品としては最大だという。前方軸受ハウジングは48枚のチタン製ベーン翼列を有し，これがエンジンコアへの吸入口を形成している。各ベーンにはその内部に，着氷条件下でエンジンを保護するための防氷システムに用いられる加熱路が形成されている。

ボディの説明によると，ロールス・ロイス社は，低推力モデルのトレントXWB-84と同等の効率性と耐用時間を，トレントXWB-97でも確保することを求めたという。そのため，外見はトレントXWB-84と同じでも，トレントXWB-97の内部は約5％大きい。つまり，エンジンのあちこちの部分で，トレントXWB-97の圧縮機段やタービン段

ロールス・ロイス社は4月までに1130時間以上の地上試験と飛行サイクル1800回に相当する飛行試験を行って，トレントXWB-97の型式証明に必要な試験の50％を終えた。飛行試験ではA380飛行試験機の左舷内側パイロン上に設置されたものもある。
（©エアバス社/A・ドゥマンジュ）

のブレードやベーンは，トレントXWB-84のものより0〜5，6mm長くなっている。それでいて，二つのエンジンは約80％の部品を共通化している。

トレントXWB-84とトレントXWB-97にはそのほかにも違いがある。高推力モデルでは，最初の二つの中圧圧縮機段が一体型ブリスクだ。シール部にもいくつか違いがある。また，ボディは，ロールス・ロイス社は高圧タービンブレードに

シュラウド（覆い）を使うことが多いが，XWB-97の高圧タービンブレードにはシュラウドを用いず，低硫黄の新しい合金製としていると話す。さらには，ブレードのコーティングもトレントXWB-84のものとは異なるという。

トレントXWB-97の高圧タービンブレードは高温動作時に冷却空気をより多く必要とし，ブレード先端の間隙が最大推力時においては重要となる。そのため，高圧タービンモ

ジュールは新型のアクティブ先端空隙制御システムを備えている。これは機械式ではなく，高圧タービンケーシング内の流体バルブを用いるものだ。コアの圧力バランス変動に応じて動作し，高圧タービンの冷却空気流を適宜調節することによって，飛行状態に合わせてケーシングの幅を自動制御する。

快晴の空を飛ぶA350の真正面写真。
前脚と主脚の構造がはっきり見える。
（©エアバス社）

3. ランディングギア（降着装置）

マーク・アイトンがA350XWBの降着装置とカーボンブレーキの仕組みを詳説する。

　サフラン・ランディング・システムズ社によると，A350-900のメインランディングギア（主脚）はまったく新しい設計だ。その特徴である軽量，高信頼性，低コストは，実証済みの技術によって実現したという。最先端材料のほか，高強度チタンや耐腐食スチール，HVOF（高速酸素燃料噴霧）コーティングをこれまでより多く使った設計になっている。

　A350型機は降着装置として2種類のランディングギアを備えている。

　それぞれ4輪のボギーアセンブリと格納ドアからなる2本の主脚は主翼下に位置し，胴体中心線に向かって内側に格納される。A350-1000の主脚に使われているのは6輪ボギー。主脚の部品は，脚アセンブリ，4輪ボギービーム（A350-1000は6輪ボギービーム），ボギートリムアクチュエーター，そしてオレオ式緩衝装置だ。展開されると，2部品からなるサイドステーアセンブリで位置決めされ，ロックステーで下方に向けてロックされる。オリフィスを通るオイルと空気の圧縮を組み合わせたダンパーを，オレオ式緩衝装置という。

　ノーズランディングギア（前脚）は2輪アセンブリと格納ドアからなり，コックピット下の胴体コンパートメント内に前方に向かって格納される。前脚の部品は，脚と，単段直動型のオレオ式緩衝装置。展開すると，2部品で構成されるドラグステーにより機械的に定位置にロックされる。

　降着装置とその格納ドアは電気制御により油圧的および機械的に操作される。緊急時には，主脚も前脚も重力を利用して手動で降ろすことができる。

　そのほかの部品として，幅580mm

の車輪とブレーキを8個ずつ備える主脚（A350-1000はそれぞれ12個），幅406mmの車輪を二つ備える前脚がある。

開発

サフラン・ランディング・システムズ社の技術陣はA350の開発当初からエアバス社と協力し，降着装置を最適な形で機体に統合することをめざしてきた。主脚の設計と開発では，イングランドのグロースターで活動する統合プログラムチームとサフラン社の製造現場とで同時に作業が進められた。各部品はカナダ，中国，フランス，イギリスの製造施設でつくられ，主脚の最終組み立てはグロースターにあるA350-900降着装置製造工場で行われた。

システムの統合

数十年前からエアバス社と提携するメッサー・ブガッティ・ダウティ社は，A350計画に深くかかわってきた。カーボンブレーキや車輪のほか，A350型両機種の前脚と主脚の操輪や展開・格納操作に使われるシステムすべての設計と開発を担当している。同社はA350-900の主脚のサプライヤーでもある。

就航開始と同時に降着装置とシステムの高い完成度を示すべく，実績のある既存の技術を使うことを選んだが，エアバス社は重量の目標値を非常に厳しく設定した。これはシステムの開発段階でメッサー・ブガッティ・ダウティ社の技術者たちにとって大きな挑戦となった。

降着装置の重量制限を満たすため，同社は構造体（耐荷重）コンポーネントに含まれる高耐久性チタンの使用量を増やした。

一見してすぐにはわからないが，A350はエアバス社において初めて降着装置にガイダンスシステムが装備された機体だ。メッサー・ブガッティ・ダウティ社によれば，油圧や電子制御による操輪装置が故障して

テストベンチ内の，主脚用4輪ボギーアセンブリと格納ドア。（©エアバス社）

も，差動ブレーキを使うことによって，地上で機体を操輪することができるという。機体には，タイヤ内圧監視無線情報送信システムも装備されている。

メッサー・ブガッティ・ダウティ社の施設とエアバス社のフィルトン拠点のテストベンチで自由落下試験が行われ，装置の耐衝撃性，耐久性，統合性がテストされた。ソフトウェアのアプリケーションはアビオニクステストベンチで試され，適切なブレーキ効率が得られ，かつ，スキッド（ブレーキング中のスリップ）を防げるようブレーキアルゴリズムが較正されているかどうかが確かめられた。

車輪とブレーキは，施設内で規制機関の認証を得ることが求められたのはいうまでもない。

機能性を確かめるため，機体を模したモックアップにすべてのシステムを艤装して行われるパワーオン段階でもテストは続けられた。

カーボンブレーキ

サフラン・ランディング・システムズ社はA350用に新しいカーボンブレーキを開発した。エネルギー吸収力が高くクールダウンも速いため，ターンアラウンド時間の短縮や機体の稼働率向上につながっている。

ブレーキは，中が空洞の本体に，ピストンが5本とローターが四つ。これは同程度の重量の航空機で用いられるものよりそれぞれ一つずつ少ない。除氷剤に対する保護性を高めるため，抗酸化コーティングAnoxy 66を使用している。

サフラン・ランディング・システムズ社によれば，同社の車輪とブレーキは，環境に優しい方法で製造

メッサー・ブガッティ・ダウティ社が2011年4月に初めて納入したA350の主脚。脚アセンブリ，4輪ボギービーム，ボギートリムアクチュエーター，オレオ式緩衝装置が含まれる。（©エアバス社）

されているという。

ブレーキシステムそのものにはシリコンブロンズ製ブレーキブッシングやステンレス，またはチタンを用いている。カドミウム，クロム，ベリリウム，アスベストは一切含んで

いない。

また，同社のブレーキ製造工程では，低揮発性有機化合物の下地塗料や水性塗料トップコートを用い，溶剤は使用しないため，フロン類やハロン類も扱っていない。

4. フライトデッキ

マーク・ブロードベントとマーク・アイトンが，A350XWBの
インタラクティブなフライトデッキについて説明する。

A350XWBのフライトデッキは六つの大型多機能ディスプレイ（MFD）で占められている。パ
イロットはそれぞれがプライマリ・フライト・ディスプレイを持ち，隣接する画面がシステム
情報を表示する。機内情報システムのデータは，スロットルの上にある中央下側のMFDに表
示させることができるため，パイロットは同じ画面を見ながらシステムに関する情報について
話し合うことができる。（©AirTeamImages／ヴィダン・アガワール）

現代の航空機に搭載されるシステムは複雑化が進み，昨今のパイロットは情報マネジメントのプロともいえる。A350XWBのフライトデッキは，コックピットシステムが生成するデータをパイロットがとり扱いやすくするためにある，というのがエアバス社の信条だ。

2014年ファーンボロー国際航空ショー中に行われた説明会で，エアバス社のテストパイロットであるフランク・チャップマンは，A350XWBのコックピットについて「ディスプレイがぐっと見やすくなり，これまでよりずっとインタラクティブ」と言い切った。

大型スクリーン

六つの380mm液晶多機能ディスプレイ（MFD）がA350XWBのフライトデッキを埋めつくす。フライトデッキ中央には二つのスクリーンが縦に並ぶ。それぞれのパイロットがプライマリ・フライト・ディスプレイをもち，隣接する画面がシステム情報を表示。六つのスクリーンにはすべて十分な互換性が備わっている。

当たり前のことながら，この六つの大型スクリーンのサイズがポイントで，運航はだいぶ楽になったとチャップマンは語る。「スクリーンが大きいと，情報がとてもわかりやすく，すっと目に入ってきます」

エアバス社は1980年代から，パイロットの視線上にフライト情報を表示するヘッドアップディスプレイをコックピットにとり入れてきた。そしてこの大型スクリーンも，飛行中のパイロットにとって重要なフライト情報を提供している。

機上情報システム（Onboard Information System）

それだけでなく，A350XWBの際

A350XWBの独特なコックピット前面窓のシェードデザインは，見た目の際立った特徴の一つ。
（©AirTeamImages／ポール・マリス ハイアー）

立った点は実はコックピットシステムの機能にこそある。エアバス社がA380に導入したSAGEM社製の機上情報システム（OIS）は，機体性能に関するすべてのデータを収集し，統合してわかりやすく表示する。

A350XWBにも搭載された同システムは，主に集中データ取得ユニット（CDAU: Centralized Data Acquisition Unit）と，セキュア通信インターフェース（SCI: Secure Communication Interface）の二つで構成される。CDAUは機上データを取得，処理，監視，表示，記録してシステムを管理し，整備や飛行の安全に関する情報を提供する。SCIは，アビオニクスと機上システムの公開情報との間で安全なリンクを確立する。

それぞれのパイロットが運航情報にアクセスしやすくなり作業が簡易化される――これを可能にするOISこそ，情報マネジメントという重要な業務に欠かせない存在といえる。

ECAM, FMS, EFB

電子集中航空機モニターシステム（Electronic Centralised Aircraft Monitoring System）はECAM（イーカム）と略される。このシステムのおかげで，パイロットは今機体がどのような状況にあるかを認識することができる。A300型機に初めて導入されて以来，エアバス社の航空機にはECAMが用いられてきたが，A350XWBに搭載されたECAMのインターフェースは，クルーがチェックリストに沿って作業する際にシステム機能中で「異常」と特定されるものを自動的に分離してくれる。

目的は，パイロットの処理手順を損なうことなく異常を見つけ出すことと，クルーがノーマルチェックリスト（正常時のチェックリスト）を手早く処理しつつ，通常とは異なる状態を認識しやすくすることにある。ECAMは，対処の優先順位を自動的に示してくれる存在だ。性能に悪影響がある不具合はすべて表示され，それによる影響は自動的に性能計算ソフトウェアに転送される。

不具合の影響を管理する機能は，フライト・マネジメント・システム（FMS: Flight Management System）にも組み込まれている。起こりえる事態を予測する機能をもち，システム性能が低下したときに，パイロットは機体の性能やとるべき行動を判断することができる。

A350XWBはClass 2の電子フライトバッグ（EFB: Electronic Flight Bag）と互換性がある。一体型キーボード・カーソル制御ユニットを使って，EFBをコックピットのスクリーン上で操作することも可能だ。機体

と一体のアビオニクスシステムと完全に統合されつつも，EFBはアビオニクスシステムから独立している。

システムは冗長性，つまりバックアップ用の予備装置を内蔵している。そのため，パイロットはカーソル制御部を使って，機内情報システム（OIS）の各自のスクリーンだけでなく，必要に応じて反対側の多機能ディスプレイ（MFD）を操作することもできる。スクリーンエラーが生じた際はアビオニクスのページを自動的に再構築する機能もついている。外側のスクリーンの一方または両方にエラーが生じても，OIS情報は手動で中央下側のスクリーンに再表示させることができる。

情報共有

これらのシステムは，A350XWBのクルーが効率的に情報管理できる

ばかりでなく，お互いに情報共有もできるよう設計されている。たとえば「OIS on center」機能でOISデータを中央下側のMFDに表示させることができるため，パイロットはシステム性能に関する関連情報を一緒に確認し話し合うことができる。

情報共有がワークフローに及ぼす影響は明らかだ。たとえば降下開始点で進入準備のために行われるブリーフィング時に，パイロットはアプローチチャート（着陸進入用の航空図のこと）を中央下側のMFDに移動させることができる。A350はこれができる初めての機種だ。

チャップマンが説明する。「昔は紙のチャートを使っていましたし，今の電子版でもパイロットは各自が自分のフライトバッグを見ていることが多いので，一緒に話し合っているとはいえません。A350ではチャー

トを真んなかのスクリーンに表示できるので，パイロットはそれを見ながらお互いに話すことになります。このシステムのおかげでパイロットは緊密にブリーフィングを行うことができるというのが，思いがけない利点ですね」

ほかにも，誘導路レイアウトが複雑な空港における地上走行時に便利なことがある。紙のチャートや各自のEFB内の電子版チャートを使うかわりに，パイロットは地上ナビゲーションモードを選ぶだけでよい。すると空港チャートがMFD上に表示され，機体の位置が動く記号で示されるため，クルーは正確な現在地や向かう先をリアルタイムで見ることができる。ここでも，状況を認識しやすくなるうえ，パイロット同士が緊密に共同作業できるという利点が得られる。

エアバス社テストパイロットのジャン＝ミシェル・ロイが，A350のフライトデッキでコックピットディスプレイのタッチスクリーンを操作してみせる。（©エアバス社／H・グッセ）

共通性

パイロットがA350XWBを操縦するための型式限定資格を取得する（またはエアバス社の航空機を初めて操縦する）ための全トレーニングコースの標準日数は25日。資格取得のための訓練や手続きはA350XWBファミリーの全モデルで共通だ。

フライトデッキの機能性やレイアウトは，エアバス社のほかのすべての機種と最大限の共通性をもつよう設計されている。相互乗員資格（CCQ: Cross Crew Qualification）は，パイロットに複数のエアバス社の型式の資格を同時に認めるもので，同じ乗務員による複数型式乗務

をサポートする。航空会社にとっては乗務員訓練費用の削減や運航効率の改善，同一乗務員による複数型式運航が可能になる。CCQのコースは，A320ファミリーのパイロット，A330とA340のパイロット，A380のパイロットの場合でそれぞれ，11日，10日，5日だ。

これらに比べて，A350XWBのパイロット養成コースは実地訓練に重きを置いている。フルフライトシミュレーター訓練は通常操縦が中心だ。ふだんどおりの乗務員構成で，教官がつき添って行われる。それをシステムや手順に関する座学で補う。座学はコンピューターによるト

レーニングや専用の訓練機器を使った個別の機能練習，そして自習で進められる。

タッチスクリーン

新型タッチスクリーン式のコックピットディスプレイを20社の航空会社のうちで真っ先にとり入れたのは中国東方航空だ。初めてタッチスクリーンを導入したA350XWBは2019年12月に納入された。

タレス社がA350XWB用に特別に開発したタッチスクリーンは，運航効率の向上，乗務員間の意思疎通の改善，コックピットの対称性（右席でも左席でも同じ操作ができるこ

より高い安全性をめざして

A350XWBのフライトデッキには，フライトの安全をサポートし効率的な運航に役立つさまざまなシステムが備わっている。

- オートパイロット／フライトディレクターの衝突防止装置（TCAS: Traffic Collision Avoidance System）は，オートパイロットによって，ほかの機体を避けるように機体を自動的に制御する。
- 衝突防止装置（TCAS: Traffic Collision Avoidance System）の回避指示（RA, Resolution Advisory）に対する防止機能は，たとえば上昇あるいは降下後の水平飛行への移行時に，短縮垂直間隔運用が行われている空域において不要な回避指示数を減らすことを目的としている（監訳注：短縮垂直間隔／RVSM, Reduced Vertical Separation Minimumとは，決められた高度以上で飛行する航空機間の垂直方向の間隔を，必要な機材等の装備を条件に，従来の2000ft［600m］から1000ft［300m］に短縮して運用すること）。
- 航空交通状況認識システムは，速度やコールサイン，乱気流カテゴリといった放送型自動従属監視情報（ADS-B）を用いて，周辺の航空交通を表示。クルーがフライトレベル（飛行高度）を変更すべき状況を

知らせてくれる。
- 衛星通信，VHF, HFを介した将来航空航法システム（Future Air Navigation System）FANS-A, FANS-Bにより，音声通信が改善されている。
- ディスプレイは，ウインドシアや対地接近警報（GPWS），衝突防止警報（TCAS）に自動的に対応し，一見してわかる画像を表示して危険を知らせる。
- 天候上の危険を検知した場合，システムが自動的に警告を発する。
- 速度，地理的位置（滑走路高度など）と機体性能との整合性をチェックすることによって，安全に離陸するための正しい離陸速度が計算される。
- 機体が最終進入段階に入る間に，パイロットは滑走路離脱システム（brake-to-vacate）に即して離脱誘導路を選ぶ。オートフライト，オートブレーキ，そしてフライトコントロール機能が接地後の減速度を調節するため，機体は指定の離脱誘導路に最適速度で到着することができる。
- 滑走路オーバーラン警告保護システムは，滑走路オーバーランの可能性を減らすよう設計されている。警告を発し，必要な場合は積極的な保護操作を行ってオーバーランの発生を防ぐ。

A350-1000のフライトデッキ。
(©エアバス社/S・ラマディエ)

と），情報管理の円滑化を目的に設計されている。

　エアバス社によれば，A350XWBのフライトデッキの六つの大型スクリーンのうち，三つはタッチ操作が可能だという。外側2台と中央下側のディスプレイはそれぞれ電子フライトバッグ（EFB）アプリケーションを表示する。各パイロットの前方にある折りたたみ式テーブルには従来の物理的キーボードが内蔵され，中央のコンソール上にはキーボード・カーソル制御ユニット（キーボードとトラックボール）が備わる。これを補うのがタッチ式の新入力方法だ。

　11月にEASAにより認証されたA350XWBの新技術によって，2本指のつまむ動作で拡大縮小するピンチズームやパン操作が簡単にできるようになる。次のような場面でより柔軟な対応が可能になりパイロット間の意思疎通も円滑に進むだろう。

離陸前：フライト・マネジメント・

A350XWBコックピット内部のタッチスクリーン。（©エアバス社/H・グッセ）

システム（FMS）にデータ入力しつつ，離陸性能を計算。
フライト中／巡航中：エンルートナビゲーションチャート（巡航用の航空路を記した航空図のこと）にアクセス。
着陸進入準備：FMSデータ入力前にターミナルチャート（空港を中心とした縮尺の大きな航空図のこと）

を参照。
作業負担の大きいフライト状態：タッチスクリーン機能のおかげでパイロットは大量のカーソル入力の必要がない。中央下側ディスプレイでEFBアプリケーションを共有している間はディスプレイ間を行ったり来たりしないでよくなる。

A350XWBの機体は70％が複合材，チタン，高機能アルミ合金からなる。（©エアバス社／H・グッセ）

A350XWBファミリーを開発したエアバス社の狙いは，中長距離双発ワイドボディ機市場をターゲットにした環境に優しい低燃費機種を提供することだった。主な目標は，燃費と二酸化炭素排出量の25％削減，そして先代機種より直接整備費（DMC）を下げること。これを達成するために，A350XWBの構造やシステムにはさまざまなレベルで新しい工夫がとり入れられている。

複合材

A350XWBの構造のうち炭素繊維強化プラスチック（CFRP）の占める割合は53％。チタンが14％，（歴史的に航空機構造の大半を占めてきた）アルミは19％，スチールが6％，そのほかの材料が8％となっている。A350XWBは，金属部品より複合材の占める割合が高いエアバス社では初めての機種だ。

エアバス社は機体開発のコンセプト段階初期に材料の研究を行ってい

る。その結果，複合材はアルミより一般的に20％軽いだけでなく，強度も耐久性も高いことが判明したという。複合材を大量に使用することによって，従来の金属製胴体に含まれる外板接合部，継ぎ手，リベットやボルト，ナットなどの締結部品，補強板が要らなくなり，これまでのワイドボディ機に比べて機体を軽量化でき，低燃費目標達成の一助となった。

CFRPは，翼幅64.75mの主翼，中

5. 設計とシステム

マーク・ブロードベントがA350XWBの主要な設計を詳説し，システムを概説する。

胴体は4枚の大型CFRPパネルからなるため，従来の金属製胴体に含まれる外板接合部，継ぎ手，締結部品（リベットやボルト，ナット），補強板が要らなくなり機体を軽量化できた。（©エアバス社）

央翼ボックス，キールビーム，テールコーン，胴体外板パネル，胴体フレーム，ストリンガー（縦通材），補強板，クリップ，窓枠，乗客用または貨物用ドアに使われている。主翼の一体型CFRP外板について，エアバス社は，民間航空機用の炭素繊維製の一体部品のなかではこれまでで最大だと説明している。

前桁と後桁は三つに分割され，上下面外板の両方を支えている。ウイングボックスは，上下面の一体型

CFRP外板と，三つに分けてつくられた前後のCFRP桁からなり，金属製リブで補強されている。

胴体フレームの一部やドア周辺部，エンジンパイロンや降着装置など高荷重を受ける部品はすべてチタン製だ。ドア枠はCFRPとチタンのハイブリッドによってつくられている。

胴体は4枚の大型CFRPパネルからできている。エアバス社の社内技術情報誌『FAST』によれば，「4枚

の細長いパネル部分からなる組み立て体は，円筒部分しかない機体より完成度の高い構造で，利点も多い」とのこと。この構造では，円周方向の継ぎ手が，（主翼と胴体のつなぎ目など）高荷重を受ける領域から遠く離れている。また，結合部は，乗客用または貨物用ドアなどの胴体の大きな開口部から離れている。

機体のCFRP部品はすべて，ドイツのエアバス社シュターデ工場で，高性能繊維配置装置と呼ばれる機械

主翼の一体型の下面外板。エアバス社によれば，民間航空機用の炭素繊維製一体部品のなかではこれまでで最大だという。（©エアバス社）

を使って帯状の炭素繊維を積層させてつくられる。この機械は，幅6.35mm，厚さ7mmのCFRPテープを32本重ねたものを，23,000kgの積層治具で集積し，それぞれの複合材部品に成形する。精密な制御システムにより，無駄を最小限に抑え重量が均等に最適化されるように，複雑な形状の部品をつくることができる。補強が必要な箇所には部分的に補強層を自動的に組み込むことも可能だ。落雷から機体を保護する層はあとから手作業で加えられる。

エアバス社の従来のワイドボディ機と共通性をもたせることが大きな設計目標だったため，可能なかぎり（派生型も含めて）同じ部品を使用して，運用コストを抑える努力をしている。それでも，A350-900とA350-1000には多少の違いがある。たとえば，A350-1000は最大離陸重量が大きいため，降着装置は6輪ボギーに変更せざるをえなかった。

統合型モジュール式アビオニクス

A350XWBの特色として複合材の大量使用に関心が寄せられていることには違いない。では，設計面のほかの重要点はどうだろう。機体の空力形状も大きな特徴ではあるが（前ページの写真参照），キーポイントは機上システムにもいくつか存在する。

最も注目すべきものの一つが，統合型モジュール式アビオニクス（IMA: Integrated Modular Avionics）の構造だ。エアバス社は次のように説明する。「IMAは多数の機能を共通モジュールにまとめるものです。従来このモジュールは専用の列線交換ユニット（LRU: Line Replaceable Unit）を必要としていました。A350のIMAはすべてのモジュールが同一でどこにどれを使ってもよく，これまでのLRUの機能はアビオニクス・アプリケーションが担っています。この個別のアプリ

ケーションは，IMAのコア処理入力出力モジュール（CPIOM: Core Processing Input/Output Modules）と呼ばれる共用モジュールを中心として構成されています」

機体の40以上もの機能の動作を統括するIMAの存在は大きい。IMA上で動作するソフトウェア・アプリケーションには，たとえば，電気／油圧／空気圧系統，空調／与圧，燃料／イナートシステム（燃料

可変キャンバーがフラップを適切な位置に制御する。内側と外側のフラップ角度は別々に選ぶことができる。後縁のアダプティブ・ドロップド・ヒンジ型フラップが後縁形状を変えて，フラップとスポイラー間の隙間を制御する。（©エアバス社／H・グッセ）

から空気を遮断するシステム），エンジン，降着装置，コックピットが含まれる。

A350XWBには，アビオニクス・コンピューターを相互接続するスイッチやケーブルからなるアビオニクス・データ通信ネットワークも装備されている。このネットワークが運航／整備データのやりとりに使用しているのは，もとはA380用に開発されたエアバス社の特許技術であ

るアビオニクス全二重スイッチング（AFDX: Avionics Full DupleX Switched）イーサネットシステムだ。AFDXは物理的配線ではなくイーサネットを使用するため，機上システム間の通信がより安全で信頼性の高いものになる。

油圧／電気系統

A350XWBには作動圧5000psi（約340気圧相当）の独立した油圧回路

が二つある（従来構造では三つ）。各油圧回路に一つずつ設けられたポンプを，エンジンがそれぞれ駆動する。このように同じ構造を二つ設けることによって，どちらかのポンプまたはエンジンが故障した場合に備えている。

電気系統の構成は，4本の完全に分離された交流チャンネルと，4台の可変周波数発電機（VFG）をベースにしている。民間航空機のほとん

ドイツのノルデンハムにあるプレミアム・エアロテック社の施設では，A350XWBの前胴部が製造される。
（©プレミアム・エアロテック社）

どに見られる一定周波数発電機（IDG）は用いていない。これらの発電機の周波数範囲は360〜800ヘルツ，電圧は交流の230Vだ。メインの電気／電子機器区域には配電センターが二つあり，切り替えや配線

保護用にソリッドステートコンタクターを用いている。

エアバス社はもともと，A350XWBにリチウムイオン電池を使うつもりでいた。従来のニッケルカドミウム電池よりエネルギー密度が高いから

だ。しかし，787のトラブルのあと（リチウムイオン電池システムに起因する問題で，ボーイング社は2013年に5ヵ月間の運航停止を余儀なくされた），ニッケルカドミウムを使用することに決めた。当時エア

ンクすべてからエンジンに直接燃料が送られる。結露によって溜まった水はジェットポンプを使った水管理システムでタンクから排出されるため，従来の水抜きシステムは不要になった。

ブリードエア

エンジンからとり出される高温高圧のブリードエア（抽気）を，機体のさまざまなシステム駆動に用いるのは昔からの手法だ。A350XWBでもこの方法を使っている。同機に搭載された高性能抽気システムは，エアバス社がA340-400やA340-500用に開発したもので，同社のほかの新型機であるA320neo，A330neo，A380シリーズの特徴でもある。このシステムの最も大きな特色として，ブリードエアの流れを調整するバルブが，従来の抽気システムのように空気圧ではなく電気的に制御される点が挙げられる。

この構造は，A350XWBの最大のライバルの一つ，787シリーズが採用している無抽気システムと対照的だ。エンジンカウルの防氷システムと加圧用の油圧リザーバーを別にして，787型機は，これまではブリードエアを用いていた機能のほとんどに電力を使っている（エンジンとAPUの始動，防氷保護，客室環境制御システムなど）。ブリードエアを供給する空気圧システムをなくすことによって，推力を最大化することや，運用コストの削減を図る目的がある。

しかしエアバス社は，「無抽気システムは逆に直接整備費用を大幅に増大させます」と主張している。「787も，エンジンの空気吸入口の防氷にはブリードエアを必要としています。このため従来の抽気システムと比べて，無抽気技術を使うと追加の機器を装備しなければなりません。空調用の空気は二つの専用吸入口からとり込まれており，この空気を圧縮するために，787は液体冷却が必要な重い圧縮機を4台使っています」

バス社は「ニッケルカドミウム電池は実証済みで完成された技術であり，計画を実行し信頼性を確保するためにとるべき最もふさわしい選択」と述べている。

A350XWBには三つの燃料タンクがあり（中央と，主翼にそれぞれ一つ），完全自動システムで三つのタ

A350XWB設計にあたり，機体の直接整備費用をボーイング社の777-200や777-300ERより最大40％，A330より25％，787-9より10％削減することが目標とされた。（©エアバス社／P・ピジェール）

A350XWBのおおよその寸法形状に設置された試験リグ「アイアンバード」（主翼はスペース節約のため後ろに折りたたまれる）。作業しやすく組まれた足場で機体の電気／油圧／飛行制御系統が組み込まれ，検査や実証試験が行われる。（©エアバス社）

無抽気システムは3倍の電力と追加の回路網を二つ必要とする。そのため，従来のブリードエアシステムの発展型のほうが整備費は40%低くなる，というのがエアバス社の見方だ。

整備負担を減らす

A350XWBには整備面にも特色がある。エアバス社は，機体の直接整備費用（DMC）をボーイング社の777-200や777-300ERより最大40%，A330より25%，787-9より10%削減することを目標とした。同機の設計やシステムは多くの点でこの目標の影響を受けている。

腐食や疲労の心配がない複合材の大量使用により，整備作業の間隔は長くなったという。第一段階の軽整備であるA整備は，おおよそ飛行時間600時間ごとに行われるのが普通だが，A350XWBでは1200時間に設定されている。エアバス社は次のように話す。「A整備は手早くできる簡単な作業なので，航空会社のスケジュール次第では，毎週行われる標準整備中に済ませることもあります。それでA整備間隔をさらに延ばすこともできます」

C整備は36カ月ごと（通常は20～24カ月），重整備であるD整備は一般的に6年ごとのところを12年に設定されている。これは，A330-300の予定整備工数と比べると45%の削減に換算されるという。エアバス社が説明する。「必要な工数の削減だけでなく，A350XWB整備プログラムは，長時間を必要とする整備作業の間隔を広げ，機体稼働率を高めるものです」

IMAシステムの設計は，さまざまな機能にハードウェアを共用しており，新機能は物理的機器ではなくソフトウェアの更新だけでよい。また，別々だった機能を一つのボックスに収納した。こうして部品数やLRU数を減らし，軽量化している。

エアバス社の話によると，油圧回路を3系統ではなく2系統とすることで整備費が下がり，（配管が減る分）漏れのリスクも減ったという。また，5000psiという高圧作動のためアクチュエーターも小型軽量ですむ。電気系統にソリッドステートコ

ンタクターを使うことで，コックピットには回路ブレーカーが不要になった。これで整備性が向上し，時間節約と直接整備費用の低下につながったとのことだ。

　スターターと発電機を一つのコンポーネントに合体させるには，「一定周波数を得るために低速駆動源に連結されるIDG（一定周波数発電機）より，VFG（可変周波数発電機）のほうが機械的にシンプルな解決策」だという。

　エアバス社は続ける。「高度な抽気システムのおかげでバルブ信頼性が高くなりました。また，漏れ位置特定システムにより，整備士は漏れの位置を正確に把握できるので，該当する位置のパネルを開いてすばやくトラブルを解決することができます」。抽気システムを起因とする運用中断回数は74％減少し，従来の空気圧システムと比べて抽気系の直接整備費用は70％下がったという。

機上整備システム（Onboard Maintenance System）

　A350XWB機上整備に欠かせない

のが機上整備システム（OMS）だ。エアバス社が「影響指向」と呼んでいる点が貴重な意義をもつ。このシステムは，注意を必要とする状態が発生しないかぎり，つまり，何か問題が起きても，飛行や客室，整備作業に影響を与えないかぎり，メッセージを発しない。

　狙いは，航空会社の整備スタッフが重要なメッセージをとり出しやすくして，故障の発見や対応にかかる時間を減らすことにある。エアバス社によれば，ルーティン外の作業を行う可能性がこれまでの旅客機に比べて下がり，NFF（no-fault found）とり下ろし率（故障サインが出て調べても欠陥が見つからないケース）は50％ダウンしたため，航空会社スタッフの効率的な整備作業の助けとなっているという。これは機体の稼働率にじかに影響を与えるうえに，予備部品や，運航時の通常整備工数が減ることにもなる。

　OMSにはまた，ディスパッチ（運航管理情報）機能という特色もある。これは，ディスパッチに影響する整備上の問題についてコックピッ

トのパイロットにメッセージを発するものだ。エアバス社の説明によると，「（整備上の問題の）根本原因と，その結果どのような影響が運航管理情報に出るのかが一見してわかり，不要なメッセージの数やトラブルシューティングにかかる時間を減らせるという利点がある」そうだ。「フライト中に，運航情報や警告が自動的にディスパッチメッセージを発することはありません。つまり，フライト中のクルーは，専用の『ディスパッチ』画面で見たいときだけディスパッチメッセージを見ることができます」

　地上の整備スタッフが，飛行中の機体性能をリアルタイムで調べることもできる。これを可能にするのが，AIRMAN（AIRcraft Maintenance ANalysis）システムだ。エンジニアチームは，故障や警告メッセージなどの機体データに関するパラメーターにアクセスできる。AIRMANによりトラブルシューティングをリアルタイムで行えるため，整備を先どりして始めることができる。たとえば，機体が目的地に到着する前に整備スタッフが部品交換の準備をしておくことが可能だ。

　A350XWBは，構成部品の無線識別（RFID）タグを使用して就航開始した世界で初めての民間航空機でもある。アビオニクスやシステムそして客室を支える2000個を超える部品にタグがつけられており，サプライヤーから納入される。RFID技術により，部品データをリモートで携行型端末から読み書きできるようになった。各RFIDタグは大容量メモリ内蔵で，タグが付された部品の詳細な全履歴を保存しておくことができる。このおかげで，すばやく信頼性の高い部品情報管理が可能

部品に付されたRFIDタグが整備作業に役立つ。（©エアバス社／P・マスクレ）

になった。

稼働率の確保

　機体やシステムのこういった特徴はすべて，航空会社にとっての稼働率の最大化を目的としている。高い完成度や運用性を確保することは，設計の初期段階から計画の礎となるものだった。

　2007年から2010年の間に，顧客が設計定義段階に関わるカスタマー・フォーカス・グループが数回開催された。2011年3月にエアバス社はトゥールーズにエアライン・オフィスを開設。A350XWBの主要カスタマーである6社（カタール航空，キャセイパシフィック航空，フィンエアー，ユナイテッド航空，TAPポルトガル，USエアウェイズ）の運用ノウハウを生かして，機体設計に高度な運用性を確保するためだ。運航や整備上の複雑さや時間の浪費，コストを減らすことをめざしていた。

　エアライン・オフィスはA350XWBの就航開始準備のために開設されたものだったが，同機を導入する航空会社が増えるなか，A350XWBの完成度を確立すべく，そのまま運営を続けている。また，同オフィスはA350-1000開発も支えた。

　エアバス社はさらに，エクステンデッド・エアライン・オフィスを立ち上げた。リモート・コラボレーション・フォーラムにより，顧客やサプライヤーとエアバス社チームとの間での情報共有に努め，整備，エンジニアリング，地上／機上業務，技術データ，訓練，客室業務など，さまざまな局面での運営最適化を図っている。

A350XWB垂直尾翼のとりつけ作業。コンポーネントは，シュターデ（ドイツ）のエアバス社拠点，世界有数の炭素繊維強化プラスチックコンポーネント加工工場で製造される。（©エアバス社／P・ビジェール）

織機で編まれる炭素繊維撚糸。
（©エアバス社／W・シュロール）

環境性能

　低燃費だけでなく，環境基準を満たすこともA350XWB設計面の特徴の一つだ。エアバス社によると，A350XWBは最新の航空環境保護委員会（CAEP6）規則を「余裕をもって満たしている」という。機体に使用される炭化水素，一酸化炭素，酸化窒素はそれぞれ上限値を99％，86％，35％下回り，排煙は60％下回る。エアバス社は「2013年から適用のさらに厳しい制約（CAEP8）に照らしても，A350XWBは十分なコンプライアンスを確保しています」とも説明している。外部騒音では，国際民間航空機関（ICAO）のチャプター4（騒音基準）の上限を21デ

シベル下回る。

　同社は，A350XWBを環境に優しい機体とするために，できるだけ生物分解可能材料を使うように努めてもいる。製造工程や製品におけるクロム酸塩類の使用を可能なかぎり減らす努力をしており，クロム酸塩を含まない下地塗料を使用。新しいベースコート／クリアコートシステムの導入で塗料量が減り，その分溶剤使用量も減ったことと，可能なかぎり水性塗料を使用することで，利用可能な塗料のなかでは最も環境に優しいタイプを使っているといえる。

　A350XWBのリサイクルが始まるまで，まだ20年以上ある。それで

もエアバス社はすでに，機体が解体されるときに複合材料をすべて分別できるよう，同機が寿命を迎えて複合材部品を再利用するための準備を進めている。

©エアバス社／A・ベッキ

　A350XWBの道のりは決して楽だったわけではない。2011年に決まった再設計，サプライチェーンや部分組み立て品に起きた諸問題によって，ヨーロッパ生まれの新型中長距離旅客機の製造スケジュールには何度も遅れが生じた。

　2011年1月，エアバス社は，シリーズで最初に飛ぶ予定だったA350-900の部品を供給するサプライチェーンで，組み立て部品に問題が発生していることを明らかにした。これが原因で，同機の初飛行が2012年後半に，就航が2013年後半に延期されることが，6カ月後のパリ航空ショーで発表された。

　A350XWBのサプライチェーンには55社のサプライヤーと，125のワークパッケージが含まれている。

　エアバス社は，それだけでなく，長胴型のA350-1000用のエンジンを再設計し性能向上を図ることも明らかにした。そのために同型機の初飛行と就航も2年先に延び，それぞれ2015年と

第4章 A350-900：900シリーズ

マーク・ブロードベントがA350XWBファミリーの基本型A350-900の全容を描く。

2017年半ばとなるということだった。

2011年11月には，A350-900の初飛行が再び延期され，2013年初頭にずれ込むことになった。航空業界全体で炭素繊維強化プラスチック（CFRP）の需要が高まり，ヨーロッパに点在する下請け施設で部品製造が滞っていたためだ。A350XWBの機体は53％が複合材部品からなり，使用率はこれまでのエアバス社製旅客機のなかで最も高い。

自社輸送機ベルーガが胴体部品を運び始めたのは2011年の後半のこと。フランスのサン＝ナゼールとドイツのハンブルクの工場からトゥールーズに新設されたA350XWB最終組み立てライン（FAL）に胴体部品が移された。2012年4月にようやく，静荷重試験用機体のMSN5000の組み立てが始まった。

そのころには主翼が，北ウェールズ，ブロートンのエアバス社UK工

場から届く予定だった。ところが2012年第2四半期に，主翼の穿孔ロボット制御ソフトウェアに思わぬ障害が発生する。穿孔工程は主翼の構造体を外板にとりつけるための準備の一環で行う作業だ。ソフトウェアを新しく開発する間の数週間，これが手作業で行われた。

夏の間に問題は解決したものの，スケジュールにさらに6カ月の遅れが出たことが2012年7月に発表され

A350XWB初号機MSN1（機体記号F-WXWB）の初飛行は2013年6月14日。操縦性テストと飛行包囲線（飛行可能な速度と高度範囲を示す図のこと）の拡張試験（初期の飛行速度，飛行高度から，設計どおりの速度範囲，高度範囲での飛行に問題がないか，徐々に速度範囲や高度範囲を拡張する試験）に使われた。（©エアバス社/P・マスクレ）

A350-900第2号機MSN2（機体記号F-WWCF）の初飛行は2014年2月26日。客室関連のテストと初期長距離飛行試験に使われた。（©エアバス社）

ゼロ号機は電気／油圧／飛行制御系統を完備。フライトデッキ・シミュレーターに接続されており，飛行中のA350XWBとまったく同じ状態だ。

た。これでA350-900の初飛行は2013年中ごろ，就航は2014年後半と決まった。第3四半期決算で，エアバス社の当時の親会社であるEADS（European Aeronautic Defense & Space Company）は，たび重なる遅延のため顧客へのペナルティー支払いが1億2400万ユーロに達したことを明らかにした。

前進

遅れはあったものの，機体，エンジン，システムレベルでは大きな進展があった。初飛行試験用機体であるMSN1のフライトデッキの初パワーオンが2012年7月に，胴体部品の結合は2012年10月に始まっている。結合が終わると，機体の電気系統が接続された。胴体部品や主翼はシステムをすでに艤装した状態でFALに届く。電気系統の艤装では，

METROシステムという長さ50mもの電気ハーネスが設置された。機体の飛行試験プログラムの間，計測データを収集するためのものだ。主翼の穿孔トラブルが解決し，MSN5000とMSN1の主翼がトゥールーズに届いた第3四半期には，両機体ともステーション40に運び込まれ，主翼が胴体に結合された。MSN5000は2012年10月末に完成し11月にロールアウトした。エアバス社の前技術者，ロジェ・ベタイユ（当時91歳）を讃えてFALの建物にその名がつけられてから1カ月も経っていなかった。残念なことに，ロジェ・ベタイユは2019年6月14日に97歳で他界している。

MSN1のロールアウトは2012年12月上旬。遅れが続いただけに，エアバス社のCEOを務めていたファブリス・ブレジエは2013年1月の同社記者会見の席で，MSN5000，MSN1の最終組み立て中に「何も問題が起きなかったことに一同驚いています」と，ほっとした心情をのぞかせた。

静荷重試験機MSN5000（フランス語のessai statiqueからESとも呼ばれる）は別のスペースに移され，荷重試験の準備が始まった。そのころMSN1の完成機体は初めてパワーオンされたあとステーション30に運ばれ，2013年に入ってすぐの数週間の間，電気／油圧／空調／燃料系統の屋内機能テストや，エレベーター，ラダー，エルロン，スポイラーなどの主な操縦舵面と降着装

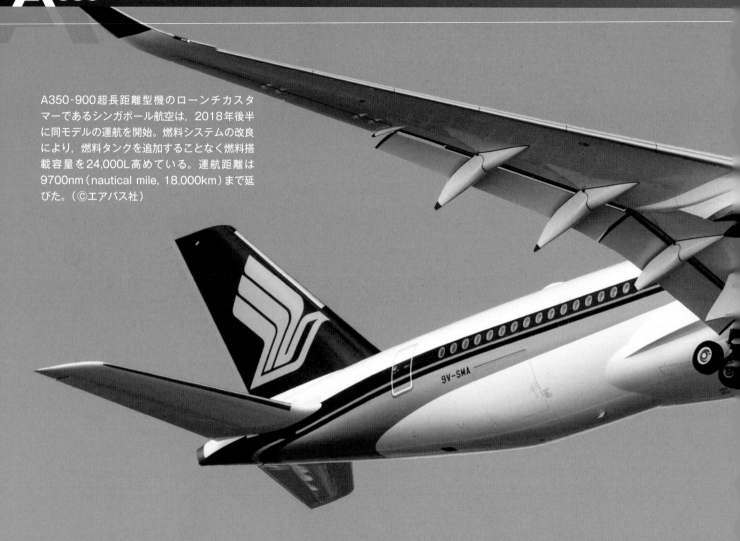

A350-900超長距離型機のローンチカスタマーであるシンガポール航空は，2018年後半に同モデルの運航を開始。燃料システムの改良により，燃料タンクを追加することなく燃料搭載容量を24,000L高めている。運航距離は9700nm（nautical mile，18,000km）まで延びた。（©エアバス社）

置の安定性を調べる初期テストが行われた。ウイングレットは2月中旬に機体にとりつけられ，胴体下部フェアリングパネル，主脚格納ドアも設置された。

　2013年2月には節目が訪れた。ロールス・ロイス社製トレントXWB-84が，1年がかりの型式証明取得に向けた試験の末に，ヨーロッパ航空安全機関（EASA）のエンジン型式証明を取得したのだ。

　もともとはA350XWBの両モデルともに同一のエンジンを搭載する予定だった。しかし，A350-1000の性能向上を図るという2011年の決定により，エンジンは共通化せず，コアサイズの大きいトレントXWB-97を使用することになった。

　2010年に最初の静的リグ試験が

行われてからのトレントXWB-84の試験期間は3100時間に及ぶ。この間使われたエンジンは11基。飛行試験は2012年2月に始まり，エアバス社のA380試験機体（MSN1，登録記号F-WWOW）を使って175時間に至る飛行が行われた。飛行試験には，さまざまなパワー設定，速度（最高マッハ0.9），高度（最高43,000ft/13,000m），フルパワー，ゴーアラウンド，離陸中断試験が含まれる。きわめて重要な「ブレードオフ」テストは静荷重試験リグで2012年11月に行われた。これは，高速回転するファンブレードが飛散しても破片などがケーシング内にとどまり，主翼や胴体にダメージを与えることなくエンジンが持ちこたえるかどうかを試すものだ。飛行試験

にはほかにも，アラブ首長国連邦での酷暑試験，アメリカでの横風試験，最近ではカナダのイカルイトでの（エンジンをマイナス23℃にさらす）極寒試験も含まれる。

　2013年初期には，「アイアンバード」として知られる実物大テストベンチのゼロ号機を使った一連のバーチャル初飛行試験（VFF）が始まった。ゼロ号機は電気／油圧／飛行制御系統を完備。フライトデッキ・シミュレーターに接続されており，飛行中のA350XWBとまったく同じ状態だ。このゼロ号機で，機体のシステム動作の妥当性を確認し，MSN1の初飛行を疑似体験することができる。VFFによりさまざまな運航シナリオをシミュレーションすることもできるため，機体の操縦性

を実証し、トラブルになりえる問題を特定することが可能だ。飛行試験に臨むクルーたちにとってはMSN1の飛行に向けた準備にもなる。

2013年の春に、MSN1は次のテスト段階に進んだ。ステーション30からステーション18に移されて、機体の無線システムや与圧のテストが行われた。また、燃料タンクのシーリング、液流、液面、燃料タンク間の燃料移送などが調べられた。このあと、MSN1は次の較正工程に進んだ。

ニッケルカドミウム電池という選択

2013年1月、787のリチウムイオン電池問題でボーイング社に運航停止命令が出され、大きく報道された。787の電気／油圧系統は、空圧装置とブリードエアではなく、従来のニッケルカドミウム電池よりエネルギー密度の高いリチウムイオン電池を2パック使って駆動されている。

A350XWBの電気系統にもリチウムイオン電池が使われる予定だった。しかし、ボーイング社のトラブルを受け、エアバス社は2013年2月に、ニッケルカドミウム電池を使うという「次善の策」を採用することを発表。「ニッケルカドミウム電池は実証済みで完成された技術であり、計画の実行や信頼性確保のためにとるべき最もふさわしい選択」だとした。

いいかえれば、問題が生じてこれ以上の遅延が生じるリスクを避けるために設計を変更したのだった。

実はMSN1の飛行試験はリチウムイオン電池を搭載して行われた。エアバス社によれば、初飛行が迫っていたため、同機の電池システムを変更するには遅すぎたのだという。以降のA350XWBシリーズの試験機体やA350-900型式認証機体はすべてニッケルカドミウム電池を使用している。

さらに、MSN5000を使って8000時間に及ぶ静荷重試験が実施された。このために同機体に装着されたセンサーは12,000個。負荷用ワイヤが253本、油圧パイプが59.5km分、ケーブルが19km分だ。

最初に実施された主な試験は、制限荷重の1.25倍の負荷をかけるテストと、制限荷重の1.5倍の終局荷重を与えるテストだった。制限荷重の1.5倍のテストでは、終極荷重で機体が少なくとも3秒間破壊せずに耐えられるかどうかが試された。

続いて、2014年には残留強度と安全余裕の試験が行われた。安全余裕試験では、主翼を上方に曲げて、応力計算が正しいかどうかが調べられた。

MSN5000で実施した試験に関して、エアバス社は「これまでで最も細部にわたるものです」と胸を張る。A350XWBはその50％がCFRP製のため、静荷重試験では「これまでのプログラムとは異なる考え方で荷重をかける必要があった」という。エアバス社は続ける。「シリアルデザインという手法を特にアレンジして、スタッド（荷重をかけるポイント）の一つひとつに荷重をかけました。つまり、構造体の調べたい箇所をピンポイントで調べることができ、より正確に（負荷のかかる状態を）表現できたのです」

受注状況

2013年上半期，A350XWBの受注状況に興味深い動きが見られた。2012年中には，A350-800に対する受注のうち26機が別モデルに切り替えられていた。アフリキヤ航空が6機，カタール航空が3機をそれぞれA350-900に変更。カタール航空はさらに17機のA350-800をA350-1000に切り替えた。一方，キャセイパシフィック航空は予約していた16機のA350-900をA350-1000に変更している。2013年2月にはエア・リース社が，20機のA350-900と5機のA350-1000の注文を確定させた。当時のA350XWBファミリー受注残数の内訳は，A350-900が415機，A350-1000が105機，A350-800が92機というもの。このエア・リース社による5機のA350-1000発注により，全残数は617機となった。

2011年の間にA350-800は42機キャンセルされている。このあとに続いただけに，アフリキヤ航空とカタール航空の注文変更は印象的だった。つまりA350-800の受注残数は2年の間に1/3減ったわけだ。その理由は――？　調査会社リーマン社の分析によると，A350-900の前払い保証金で同機の最終開発と試験のリスクを減らすことができるため，エアバス社はA350-900のセールスを優先させたのではないかという。当時，はっきりいってA350-800の受注増にはどのぐらいの自信があるのか，という質問に対し，エアバス社は「現在の最優先事項はA350-900の就航実現です」と答えを返してきた。

そして2013年3月には，ベルリンで開催されたツーリズム博覧会の場で，報道陣に対して，カタール航空のアクバル・アル＝バーキルCEOが「エアバス社はA350-800を廃止するかもしれない」と漏らしている。『ブルームバーグ』紙が報じた。エアバス社はこの報道を否定し，同モデルの実現に力を尽くしていると主張。その主な理由の一つには，航空業界の分割化があった。航空会社は，さまざまな組み合わせの航空機群をそれぞれ座席数や運航距離の需要に応じて特定路線に割り当てる。製造側にとって，この傾向は大きな原動力となるが，ある区分にふさわしい機体を提供できなければ，貴重な売り上げを失う恐れがある。エアバス社とボーイング社が少差で競う2社独占状態の市場では，市場シェアをあきらめることは受け入れがたい。A350-800は，このモデルがぴったりの区分でエアバス社にとって大きな存在だった。

初飛行

2013年6月14日，フランスのトゥールーズ・ブラニャック空港で，A350-900の初号機（MSN1，F-WXWB）が初飛行を無事に終えた。これを皮切りに，ヨーロッパ航空安全機関（EASA）による型式証明を2014年半ばまでに取得することをめざして，5機のA350-900飛行試験機体を使った2500時間に及ぶ飛行試験プログラムが始まった。

6月14日，機体は空高く上昇した。フランス南西部上空において周回飛行を行い，操縦性といくつかの飛行形態での最初のテストが実施された。トゥールーズ空港には4時間5分後に帰着している。

その画像は，トゥールーズで飛行をサポートするエンジニアチームに送信され，エアバス社のウェブサイトでストリーム配信された。完成したばかりの航空機が初めて雲間を縫って飛んでいく姿を，誰でも見ることができたのだった。

初飛行に向けた準備は何週間にも及んだ。6月上旬にAPUとロールス・ロイス社製トレントXWB-84

A350 試験機フリート

製造番号	機体記号	初飛行日	試験項目
MSN1	F-WXWB	2013年6月14日	操縦性，飛行包囲線
MSN2	F-WWCF	2014年2月26日	客室関連，初期長距離飛行
MSN3	F-WZGG	2013年10月14日	高地試験，極寒・酷暑試験（後者はフロリダのエグリン空軍基地併設のマッキンリー気候研究所にて）
MSN4	F-WZNW	2014年2月26日	外部騒音試験，落雷試験，ヘッドアップディスプレイ試験
MSN5	F-WWTB	2018年1月30日	路線実証，ETOPS認証，初期顧客の乗務員訓練

エンジンが起動され，準備段階のエンジンテストが重ねて行われた。続いて，低速でのタキシング試験とブレーキテスト。フランス航空交通管制官らによる72時間のストライキがあったが，その終了後に初試験飛行日が決定された。

MSN1のフライトテストクルーは6名。パイロットのピーター・チャンドラー（チーフテストパイロット）とガイ・マーグリン（A350XWBプロジェクトテストパイロット），フライトエンジニア（航空機関士）のパスカル・ヴェルノー。3名の飛行テストエンジニア（1名のフライトエンジニアとは別）として，フェルナンド・アロンソ（エアバス飛行統合テストセンター長），パトリック・ドゥ・チェイ（開発飛行テスト担当部門長），エマヌエーレ・コンスタンゾが名を連ねた。

テストパイロットのそれぞれがMSN1の操縦感覚をつかめるように，操縦桿操作が直接舵面の動きにつながるモードで飛び立った。このあと，10,000ft（3048m）まで上昇してから，200kts（370km/h）でまず操縦性を確認し，フラップ下げ形態や降着装置下げ形態での操縦性もチェック。フライトコントロールコンピューターの機能をチェックしたあと，機体を25,000ft（7620m）まで上昇させ，マッハ数を上げてさらに操縦性の確認が行われた。

飛行中，クルーメンバーはそれぞれ特定の役割を担った。テストパイロットは試験評価の調整，フライトエンジニアは試験飛行中の飛行形態の管理を担当し，3名の飛行テストエンジニアは評価を行った。機上のテレメトリー（無線データ通信装置）により，トゥールーズにいる地上の技術・設計チームは飛行の進行

MSN2は，カーボン複合材構造をイメージした目を引く色模様で塗装された。
（©エアバス社/A・ドゥマンジュ）

具合とデータをリアルタイムでモニターすることができた。

ブロックを積むように

A350XWBプロジェクトテストパイロットの一人，フランク・チャップマンの言葉を借りれば，A350-900の試験プログラムは「積み上げ方式」だったという。コンセプト段階から製造へ進んだときから，この方針が貫かれた。MSN1の初飛行に向けた準備では，ヨーロッパ中のエアバス社拠点で，さまざまな静荷重試験リグを用いた飛行前の大がかりな開発テストが何カ月にもわたって行われた。エアバス社はこうして，A350-900の開発が一歩進むたびにブロックを積み上げるようにテストを行って，リスクを減らしていった。

ドイツはブレーメンの「高揚力装置ゼロ」と名づけられた装置は，機体のフラップ・スラットシステムの寸分たがわぬコピーだ。チャップマンによるとMSN1の初飛行前に「自信をもって臨むために必須」だったという。フィルトンの「着陸装置ゼロ」は主脚や前脚の展開と格納のテ

ストに使われ，ハンブルクの「キャビン・ゼロ」は，客室関連システムを調べるのに用いられた。トゥールーズではフライトテストチームが油圧試験リグ「アイアンバード」に接続したフルコックピットシミュレーターを使い，バーチャル初飛行（VFF）を実施して初飛行について詳細なテストを行うことができた。チャップマンによれば，これらのリグを使って行われたテストは2013年6月初めまでに合計約12,260時間にのぼり，MSN1が実際に初めて空を飛ぶ前にエアバス社は「かなりの自信」をもつことができたという。

エアバス社がA350-900にとり入れた「フロントローディング」と呼ぶテスト方針の一つの例を挙げよう。エアバス・イノベーション・デーというイベントでA350XWBプログラムマネージャーのディディエ・エヴラールが教えてくれた事例だ。2番目の飛行試験機MSN3（エアバス社の試験機体の番号は製造順ではない）は，まだ最終組み立てラインにある間にすでに振動・伝導テストがいくつか行われていたそうだ。

リグを使った試験はその後も続いた。5機の飛行試験機で行われるテストを補い，問題を解決し，着実に完成度を高めていくためだ。チャップマンが説明を加える。「テストの第一段階は，機体の空力特性を同定することでした。どのような空力特性を出発点にしているのかを知るためです。空力的な形態はデザインフリーズで事前に確定されているため，テスト段階で操縦性や飛行性能を改善します。そうしてからシステムのテストへ進めていくのです」

この時点で，チャップマンいわく「機体のパーツのなかには，型式証明取得にふさわしいと感じるまで完成したものもある」という。このためエアバス社は，VMU（最小浮揚速度），失速速度，VMCG（最低地上制御速度），横風性能試験，水吸い込み試験といった大事な型式証明項目の認証へ向けて，EASAと共同作業を始めることができた。

型式証明

エアバス社はA350-900型機のヨーロッパ航空安全機関（EASA）による型式証明を2014年9月30日に取得した。EASAのパトリック・キー局長が署名を入れたA350-900型式証明は，エアバス社の技術部門代表取締役副社長を務めるチャールズ・チャンピオンと，A350XWBチーフエンジニアであるゴードン・マコーネルに手渡された。

当時，エアバス社で社長兼CEO

機上のテレメトリー（無線データ通信装置）により，トゥールーズにいる地上の技術・設計チームは飛行の進行具合をリアルタイムでモニターすることができた。

©エアバス社／S・ラマディエ

エール・フランスに引き渡されるフェリーフ
ライトでトゥールーズ空港を離陸したA350-
900（機体記号F-HTYA/MSN331）。
（©エアバス社/A・ドゥマンジュ）

を務めていたファブリス・ブレジエ
は次のように話している。「EASA
からA350-900型式証明を得られた
ことは，私たちエアバス社だけでな
く，このすばらしい新世代航空機の
設計，製造，型式証明取得に携わっ
てきたすべてのパートナー企業に
とって，このうえない功績です」

　ブレジエは続ける。「就航時にす
でにきわめて完成度の高い航空機
を提供することを目標に据えた
A350XWBの製造計画もまた革新的
で，意欲的なものでした。ですから
最初のカスタマーのカタール航空
にA350XWB初号機をお渡しでき
ることを誇らしく思います。5機の
試験飛行機フリートを使い，予定ど
おりにコストも品質もよく型式証
明取得を終えることができました。
飛行テストにかかった時間は2600
時間を超えています。航空機史上最
も綿密で効率的なテストプログラ
ムをつくり上げ，成功させることが
できました」

　すべての耐空性基準を完全に満た

すことを確認するために，設計限界
をはるかに超えた負荷をかける厳し
い認証試験プログラムを無事に終
え，A350-900は型式証明取得にこ
ぎつけたのだった。

　2カ月後の11月12日に，エアバス
社はアメリカ連邦航空局（FAA）の
型式証明も取得した。FAA航空安
全担当副長官ペギー・ギリガン，エ
アバス・グループ社会長のアラン・
マカーターが公式式典でサインした。

性能向上

　エアバス社は，最大離陸重量
（MTOW）を増加し燃費を向上する
A350-900用性能向上パッケージ
（PIP: Performance Improvement
Package）を導入している。この
PIPは，スペインを代表する航空会
社のイベリア航空のA350-900初号
機EC-MXV（MSN219）に装備さ
れ，同機は2018年6月26日に引き
渡された。

　航空機メーカーは，新しい航空機
の初期運航期間後に，何とかして性

能向上を引き出すパッケージを売り出すことが多い。エアバス社は，A350-900はウイングレットを500mm延ばし，捩じり下げ（監訳注：後退翼機に特有の翼端失速を防ぐ働きがある）を加えたと教えてくれた。捩じり下げとは，主翼の翼根位置でのとりつけ角に対する主翼翼端位置でのとりつけ角のことを指し，治具を使ってこの角度を変更したのだ。ほんの数度だけ主翼に捩じり下げを加えることによって，翼形状が最適化されて空力性能が改善されるという。

A350-900のPIPではさらに，MTOWが基本型の275,000kg（275t）から280,000kg（280t）に増加される。エアバス社は航空機ファミリーごとにさまざまな重量のモデル（Weight Variants, WV）を展開している。6月に更新された「空港計画のためのA350-900型航空機特性資料」によれば，A350-900には17種の重量変更モデルがある。そのなかで280,000kg（280t）は今のところMTOW最大だ。

エアバス社の話によれば，イベリア航空のA350-900初号機に装備されたPIPは，今後同型機の標準になるという。また，MTOW増大と空力的改善により燃費が1%低減し，通常の3クラス構成で最大400nm（740km）航続距離延長が可能になるそうだ。

7月上旬までにエアバス社は182機のA350-900の引き渡しを終えた。イベリア航空は18番目の顧客で，16機のA350-900を注文している。初号機は348席構成（フルフラットベッドのビジネスクラスが31席，プレミアムエコノミークラスが24席，エコノミークラスが293席）で，高速ネット接続が可能だ。イベリア航空はA340とA330の古い機種を，順次A350型機に切り替えていく。

機体やシステムの設計限界を超えた負荷をかける厳しい認証試験プログラムを無事に終え，型式証明取得にこぎつけた。

A350-900基本型モデル諸元

翼幅　64.75m

全長　66.80m

全高　17.05m

胴体幅　5.96m

客室幅　5.61m

車輪左右間隔　10.60m

車輪前後間隔　28.67m

＊以下の重量は，重量最大モデルの数値

最大離陸重量　280,000kg（280t）

最大着陸重量　205,000kg（205t）

最大ゼロ燃料重量　192,000kg（192t）

最大燃料容量　138,000L，A350-900ULRモデルは165,000L

座席数　標準325，最大440

コックピット容積　8.2m^3

客室容積　473m^3

前方貨物室使用可能容積　89.4m^3（LD-3コンテナ20個分）

後方貨物室使用可能容積　71.5m^3（LD-3コンテナ16個分）

ばら積み貨物室使用可能容積　9.12m^3

巡航速度　マッハ0.89

最終進入速度　140kts（260km/h）

航続距離　8090nm（14,983km）

エンジン　ロールス・ロイス社製トレントXWB-84（1基あたり最大離陸推力84,200lb［38,192kg/38.19t］）2基

データ：エアバス社A350-900型機諸元資料

新しい性能向上パッケージが初めて導入されたイベリア航空のA350-900初号機EC-MXV（MSN219）。機体記号は試験機のF-WZNPのまま。（©エアバス社/A・ドゥマンジュ）

第5章 A350-1000：1000シリーズ

マーク・ブロードベントとナイジェル・ピッタウェイが，エアバス社最長の長胴型姉妹機，全長74mのA350-1000を分析する。

A350-1000はA350ファミリーの現在二つあるモデルのうちの長胴型だ。全長66.8mのA350-900に対し，全長は73.78mに至る。主翼前方の第1ドアと第2ドアの間に五つ，主翼後方の第3ドアと第4ドアの間に六つの胴体フレームを増やしたためだ。エアバス社の発表によると，ビジネスクラスとファーストクラス中央の頭上荷物棚をなくしたこともあり，前方の五つの追加フレームによりスペースが40％増えている。

A350-1000の胴体直径はA350-900と同じ5.96mで，横一列9席のエコノミークラスシートでも幅が457mmある。

どちらのモデルも翼幅は64.75mだが，A350-1000は後縁を延長して進入速度を最適化している。

基準型と同様に，エアバス社がバイオミミクリー（生物模倣）と呼ぶ手法を用い，さまざまな飛行段階に応じて翼形状を適応させる鳥の翼をまねている。フライトコントロールシステムは主翼設計の適応機能を利用し，翼面荷重を連続的に最適化して燃費削減につなげている。

縦の荷重制御は内側フラップと外側フラップを同方向に曲げることで行われ（可変キャンバー），横方向の荷重制御は内側フラップと外側フラップを別々の角度に曲げることで行われる（フラップ差動設定）。

エアバス社のA350型機マーケティング責任者，マリサ・ルーカス＝ユージーナが説明してくれた。

「翼が形を変えるのです。飛行段階に合わせて常に動き続け，翼の構造を最適に保って空力効率を高め，燃費を最少に抑えます」

A350-900の座席数が300～350なのに比べ，胴体が長い分，A350-1000は350～410（通常の2クラス配列の標準座席数は369）の座席を備える。床下の有償貨物スペースに収容されるLD-3コンテナ数は姉妹機の36に比べて44に増えている。

最大離陸重量（MTOW）は316,000kg（316t）。飛行テストの結果（EASAの型式証明取得は2016年11月24日，アメリカ連邦航空局［FAA］の型式証明取得は2017年11月21日），MTOWにはまだ余裕があることがわかった。航続距離は

カナダ，イカルイトにて極寒環境での地上・飛行試験を受けるA350-1000型機MSN71（機体番号F-WWXL）。マイナス28℃からマイナス37℃までの外気温下で5日間行われた厳しいテストを無事終えた。（©エアバス社/S・ラマディエ）

7950nm（14,723km）に達する。

2018年のパリ航空ショーで，エアバス社はMTOWを319,000kg（319t），航続距離を8700nm（16,112km）に増やすことを発表した。その結果，最大旅客数ペイロードで18時間以上のノンストップ飛行が可能になる

という。

MTOWの増大は牽引荷重増につながるため，前脚の強化が必要となる。主脚は6輪ボギーで，必要箇所は強化されている。貨物室床下のエリアには，大きなペイロードに耐えられるようフレームサポート構造が

加えられた。主脚，前脚の格納扉は油圧ではなく電気で駆動される。これにより艤装と整備が簡便化されるという。

航空機の就航後に新しく重量変更モデルをつくり，顧客がフライト要件にしたがって選ぶことができるように，さまざまなペイロードまたは航続距離性能の選択肢を用意するのがエアバス社のポリシーだ。同社の「空港計画のための航空機特性資料」によれば，A350-1000には9種の重量変更モデルがある。

2017年2月7日に初飛行を行ったMSN65（機体記号F-WLXV）。同年後半に，フランス南部のイストル空軍基地で水吸い込み試験が行われた。（©エアバス社/S・ラマディエ）

基本型と長胴型の最も大きな違いは、ロールス・ロイス社製トレントXWBターボファンのパワーだろう。トレントXWB-84を搭載するA350-900の推力84,200lb（38,192kg/38.19t）に比べ、トレントXWB-97を搭載するA350-1000は97,000lb（43,998kg/43.99t）の離陸推力をもつ。

もう一つ、A350-1000は後縁を400mm延長している。翼面積が4％増加し、高揚力装置とエルロンが拡張されたことにより、揚力・巡航性能を最大限に向上させている。

A350-1000とA350-900とで部品を共通化し、共有性を可能なかぎり高めて予備部品の管理や整備に役立てている。ただし、長胴化して重量も増えた分、改変された部分もある。増大したMTOWを支えるため主脚のボギーは6輪型（A350-900は4輪）、牽引荷重に耐えるため前脚は強化された。空力荷重が増加するためフラップにも違いがある。A350-1000の使用可能燃料容量はA350-900の114,900Lに比べ129,900Lに増えており、これに応じて、燃料放出システムにも改変を加える必要があった。

A350-1000には大量の高機能材料が使用されている。エアバス社によれば、A350-1000の53％が炭素繊維強化プラスチック（CFRP）複合材からなる。胴体の大部分、中央翼ボックスや主翼のその他主要部分、キールビーム、テールコーン、胴体フレーム、補強板、ストリンガー（縦通材）、ドア、ドア周辺部が複合材製だ。

複合材料を用いることで、従来の金属構造につきものの締結部品、継ぎ手、重なり部分をなくすことを実現。軽量化とともに、燃費削減や整備の簡易化にもつながった。

また、A350-1000の構造には、チタンが14％（胴体の高負荷を受けるフレーム、エンジンパイロン、降着装置、ドア周辺部）、アルミとアルミリチウム合金が19％、スチー

「複合材料やチタンなどの金属の利点は、軽量であることに加え、機体整備コストを下げられることにあります」

2018年のデモツアー中にフィリピン，
マニラ国際空港を訪れたMSN65。
（©エアバス社／S・ラマディエ）

「現在ワイドボディ旅客機が運航している世界の主要空港を調べたところ，MTOWを平均5tは増やせることがわかりました」

ルが5％，その他材料が8％使われている。

マリサ・ルーカス＝ユージーナは言う。「複合材料やチタンなどの金属の利点は，軽量であることに加え，腐食の心配がないので機体整備コストを下げられることにあります。整備費は劇的に下がるでしょうし，機体1機あたりの総運用コストに貢献することは間違いありません」

開発

A350-1000型機の開発は，型式証明取得のための1600時間に及ぶ試験飛行プログラムに使われた3機の製造で幕を開けた。

初号機（MSN59）のウイングボックス組み立てと事前艤装は，北ウェールズのブロートンで2015年8

2018年2月20日，トゥールーズのエアバス社本部でA350-1000初号機がカタール航空に引き渡された。

月に始まった。翌月，プレミアム・エアロテック社が最初の前胴部品をハンブルクのエアバス社拠点に納入し，ここで装備が行われた。ステリア・エアロスペース社は機首部品をサン＝ナゼールに輸送し，組み立てと艤装を始めた。のちに前胴部はハ

ンブルクからサン＝ナゼールへ（ベルーガで）空輸され，機首と結合された。完成した前胴部品は次に，ベルーガでサン＝ナゼールからFALへと送られた。

そのほかの胴体部品が届くと，MSN59はステーション50へ運ば

れ，そこで胴体部品は結合され，前脚がとりつけられた。ステーション40で垂直・水平安定板，主翼，エンジンパイロン，降着装置が設置されたあと，ロールアウトにこぎつけた。

A350-1000初号機のFALでの組み立ては，A350-900の増産体制と重なっていた。そこで需要に応えるため，FAL内の最終組み立てポジションが三つ増やされた。各ポジションとも，A350-900，A350-1000

©エアバス社/S・ラマディエ

のどちらの組み立てにも柔軟に切り替えて対応できるようになっている。

飛行試験

　飛行試験には3機のA350-1000型機MSN59，MSN65，MSN71が使用されている。2016年11月24日のMSN59の初飛行とともに始まり，2017年11月21日には予定どおりEASAとFAAの型式証明を取得している。

　この間，3機が飛行試験に費やし

た時間は1600時間で，A350-900の試験プログラムより1000時間少ない。この数字は，両モデルの共有性とA350-900の完成度の高さを示す。

　A350型機のマーケティング責任者を務めるルーカス＝ユージーナが説明する。「テストは主に，変更を加えた要素に集中して行いました。主脚，高推力型のトレントXWB-97エンジン，主翼後縁の延長による空力特性の三つです。1年未満で終えることができ，結果は満足のいくものでした。終了後にEASAとFAAから合わせて型式証明をいただけたのはうれしかったです」

　3機の試験飛行機のうち，MSN59（機体記号F-WMIL）の初飛行は2016年11月24日に行われた。機体にはフライトテスト機材（FTI: Flight Test Instrumentation）が一式完全装備され，最初は空力性能と最終的な空力形状のテストに用いら

れている。試験全体のうち600時間が割り当てられたMSN59では主に，飛行包囲線，システム，エンジンのテストが実施された。

　MSN71（F-WWXL）の初飛行は2017年1月10日だ。同様のフライトテスト機材が積まれ，割り当て時間は500時間。主に高温低温環境試験，高地試験，そして降着装置のチェックが行われた。

　最後にMSN65（機体記号F-WLXV）の初飛行は2017年2月7日。テスト機材は一部のみ搭載し，客室の開発，型式証明取得，路線実証，ETOPS用評価に用いられた。

　2016年のMSN59初飛行に先立ち，2015年11月から2016年末までに，トレントXWB-97エンジンをA380型機のMSN1に搭載し，それぞれ148時間と157時間にわたる飛行テストが2回行われた。

　飛行試験の結果，A350-1000が期待どおりの性能を発揮することがわかった。ルーカス＝ユージーナが話

A350-1000基本型モデル諸元

翼幅　64.75m	最大燃料容量　156,000L
全長　73.78m	座席数　標準366，最大440
全高　17.08m	コックピット容積　8.23m³
胴体幅　5.96m	ばら積み総容積　11.3m³
客室幅　5.61m	貨物総容積　208.2m³
車輪左右間隔　10.73m	積荷収容能力（床下）　LD-3コンテナ44，ペレット14
車輪前後間隔　32.48m	巡航速度　マッハ0.89
最大ランプ重量　308,900kg（308.9t）	航続距離　7950nm（14,723km）
最大離陸重量　308,000kg（308t）	エンジン　ロールス・ロイス製トレントXWB-97（1基あたり最大離陸推力97,000lb［43,998kg/43.99t］2基
最大着陸重量　233,000kg（233t）	データ：エアバス社
最大ゼロ燃料重量　220,000kg（220t）	

©エアバス社/S・ラマディエ

す。「低速性能は私たちの期待を上回るものでした。そして，現在ワイドボディ旅客機が運航している世界の主要空港を調べたところ，最大離陸重量を平均5tは増やせることがわかりました。高温環境でも高地でも，滑走路端に障害物があっても，好ましい結果が得られました。エンジンには出力レベルを下げる機能（ディレーティング，定格以下の出力で定常運転することによって，エンジン寿命を延ばすことができる）があり，整備費を抑えることができます。つまり，重要路線の面でもエンジンの面でもすばらしいニュースでした」

A350-1000の空虚重量（燃料やペイロードを除いた重量）は目標どおりの129,000kg（129t）であり，飛行試験のその他の要素によって，就航時8000nm（14,816km）の航続距離仕様を満たすことが確認された。

さらに，外部騒音は，国際民間航空機関（ICAO）が定めるチャプター4基準を実効知覚騒音レベルで16.6デシベル下回り，予想より静かであることもわかった。これは，ロンドン・ヒースロー空港が定める夜間フライトに対する厳しい割り当てカウント値QC（Quota Count）の0.5/1も満たしている。

型式証明取得のための試験に続き，量産初号機MSN88が2017年12月7日に初飛行を行った。そして同機は2018年2月，A350-1000のローンチカスタマーであるカタール航空に，すでに同航空が発注済みの37機の第一号として引き渡された。

注目のアジアー太平洋路線

2018年2月20日，トゥールーズのエアバス社本部でA350-1000初号機がカタール航空に引き渡された。カタール航空がオーダーした斬新なビジネスクラスシート「Qsuite」関連の遅れにより，当初のスケジュールよりやや遅れての納品となった。

現在12社の航空会社からの受注

のうち，アジア－太平洋地域の3社（アシアナ航空，キャセイパシフィック航空，日本航空）だけですでに42機にのぼっており，全体のほぼ1/4にあたる。新型コロナウイルス流行前，エアバス社は，今後の20年で同地域には世界全体の46％にあたる4000機の双通路型（ワイドボディ）旅客機の需要があると見込んでいた。

そのため，カタール航空への初デリバリーに向けた数週間の間に，アジア－太平洋地域でA350-1000のお披露目ツアーが行われた。デモ機は12の目的地を訪れ，2018年2月上旬のシンガポール航空ショーでは地上展示も実施された。

A350-1000のアジア－太平洋デモツアー

先日行われたアジア－太平洋デモツアー用に選ばれた機体はMSN65（F-WXLV）。3機の試験機のうちでは唯一，完全に機能的な客室内装がとりつけられていたため，当然の選択だった。

客室は295席の配置。内訳はソゲルマ・ソルスティス社製ビジネスクラスシートが40席，ゾディアックUS社製エコノミープラスシートが36席（横一列9席）と，エコノミークラスに横一列9席の219席（うち105席がゾディアックUS社製，114席がレカロ社製CL3620）というものだった。

エアバス社の飛行テストエンジニアたちが，MSN65の客室後方に置かれたフライトテストステーションを使って，配電や油圧配分，舵面位置，エンジン性能を含む多くのパラメーターをモニターしていた。

デモツアー中，エンジニアたちは飛行中に機体を監視するだけだった。しかし，これに先立つ飛行試験の際は，必要に応じてリアルタイムでデータを解析していた。すべてのデータは記録され，各フライト後にトゥールーズのエアバス・フライトテスト・センターで詳しい解析が行われた。

3週間のツアーで訪れた目的地は12カ所。航続距離は30,000nm（55,560km）に達している。

トゥールーズを飛び立った機体はドーハ（カタール）を訪れ，ローンチカスタマーのカタール航空にお披露目された。わずか数週後の2月20日には，同社のA350-1000初号機のデリバリーが控えていた。

ドーハの後，MSN65は，マスカット（オマーン），香港，ソウル（韓国），台北（台湾），ハノイ（ベトナム），バンコク（タイ）を経て，2018年シンガポール航空ショー前夜にシンガポールに到着した。ショーの初日から3日間地上展示されたあと，同機は再び飛び立ち，シドニー（オーストラリア），オークランド（ニュージーランド），東京，マニラ（フィリピン）を周り，ノンストップフライトでトゥールーズに帰還した。

アジア－太平洋を拠点とする現カスタマーであるアシアナ航空，キャセイパシフィック航空，日本航空をはじめ，同地域の新規顧客開拓のため航空関係者向けに，内覧会も開かれた。

2018年2月12日，シドニーでのストップオーバーの際に，ル　カスーユージーナは次のように話している。「A350-1000はアジア－太平洋地域にぴったりの機体と考えています。将来の航空交通は，70％以上が新興経済国間を結ぶものになるでしょう。アジア各所と世界各地を結ぶわけですから，太平洋を越えて北アメリカやラテンアメリカにまで，今よりずっと多くの目的地と南半球をつなぐ路線が出てくるでしょう」

シドニーで，1時間のデモフライトに同行する機会があった。マスコットにあるカンタス航空の空港施設に向かい，そこでカンタス航空，オーストラリア政府，航空管理局の代表者やマスコミ陣と合流した。

カンタス航空からは，アラン・ジョイスCEOも参加していた。同社の今後の機材転換にA350の投入を検討しているという。特にプロジェクト・サンライズと銘打ったシドニー－ロンドン間ノンストップ便を飛ばす計画でいる同社は，この路線の要件に見合う機体を探しているところだった。

2020年2月下旬，新型コロナウイルスの流行による財政悪化を受けて，カンタス航空は12機のA350-1000型機の発注決定を延期した。ポストコロナの旅行市場復活の暁には，オーストラリアの代表的航空会社である同社はきっとA350-1000の受注に踏み切るだろう。

文：ナイジェル・ピッタウェイ

第6章
航空界のビッグツインズ1
大型双発機：エアバスA350-900 vs ボーイング787-10

航空業界最大のライバル、"ビッグツインズ"のエアバス社とボーイング社が再びにらみ合う。
マーク・ブロードベントが双発機市場をめぐる熾烈な争いを描く。

©エアバス社/H・グッセ

近年，民間航空機製造業界の二大メーカー間の競争は，単通路型ナローボディ機市場が中心だった。それが今，双通路型ワイドボディ旅客機が大きな意味をもつようになっている。一方はA330neoとA350。対するは777Xと787だ。

業界アナリストたちは両社によるこれらの機種の売り上げ状況に注目している。というのも，二社ともナローボディ機の受注は膨らむ一方で（エアバス社A320ファミリーの受注数は6000以上，ボーイング社737型機の受注数は4000以上），ワイドボディ機の受注残数は減っているからだ。

細分化する市場

ワイドボディ型の民間旅客機市場は複雑で細かく分かれ，さまざまな隙間市場が存在する。最小規模の区分は座席数250前後で，ここは787-8が制している。その上にある座席数250～300区分では，A330ceo（classic engine option）とA330neo（new engine option）の両機種が787-9とせめぎ合う。さらに，300～350席クラスではA350-900に787-10が対抗し，350～400席クラスではA350-1000が777-300ERや777-8と競り合う。市場最大規模の400席超のクラスは777-9が独占している。

本書に関わりがある300～350席クラスの特定市場ではエアバス社がリードしている。7月31日の時点で，A350-900の売り上げ数は760機（うち未納入が327），これに対して787-10の売り上げ数は211機（うち未納入153）という状況だ。

A350-900 vs 787-10

座席数300～350の市場区分に関して，市場調査会社ティールグループは次のようにレポートしている。「A350-900が好調の様子。787-10は大きな不確定要素だ。787はすばらしい航空機になれる資質がある一方，設計の最適化が逆に発展型の開発を難しくするかもしれない。したがって777-200ERの後継機としてA350-900が優位となる可能性がある」

2017年9月6日，ユナイテッド航空が55機の777-200ERの後継としてA350-900を45機発注し，この市場区分でのエアバス社の勝利が決まった。ただし，多くの航空会社が

A350-900と双璧をなすボーイング社の787-10ドリームライナー。（©ボーイング社）

©ボーイング社

つまるところ航空会社が求めているのは，規模を適正化できる能力，常に変わり続ける需要特性に路線ごとの収容旅客数を合わせられる能力にほかならない。

1990年代後半～2000年初期から777-200ERを運航しており，今後数年の間に交換時期を迎える機体が大量に控えている。このワイドボディ機市場区分は再び接戦となるかもしれない。

大型双発機

ティールグループ分析部門のリチャード・アブーラフィア部長が教えてくれた。「路線の細分化が進み，双通路型旅客機の平均座席数が300前後にとどまる今，座席数400を超える大型旅客機はすべて苦境に立たされています。787とA350-900は健闘していますが，そのほかの機種はわずかな受注数をめぐってしのぎを削っているのが現状です」

アブーラフィアは続ける。「A330や787シリーズが適した市場区分より収容旅客数の大きい機種が売れない一番の理由は，単に，ワイドボディの最大モデルに対する需要が限られているからです。要するに250～350席の双発ジェット機が，ほとんどの航空会社のニーズに最適なのです」。ティールグループの分析によれば，「路線細分化はさらに進んでいくかもしれない。そうすると，運航距離と1座席1マイルあたりのコストのよさが特性のA350と787は今後，777市場にも食い込んでいくだろう」ということだ。

タッグチーム

ワイドボディ機種の売り込みに一メーカーが成功したとしても，それは必ずしも競争相手の完敗につながるわけではない。航空会社のなかには，目的別にメーカー間で機材を発注し分けるところもある。あるメーカーから購入した機体はある座席数区分のフライトに使用し，別の目的でもう一方のメーカーから競合機種を買う，という具合だ。

好例としてユナイテッド航空が挙げられる。すでに述べたように同社はA350-900を45機発注した一方で，787-10も14機発注。2020年の初期に行われた投資家向けのプレゼンテーションで，ユナイテッド航空は次のように説明している。「この二つの機種は互いを補い合うものです。787-10は7200nm（13,334km）

©エアバス社/A・ドゥマンジュ

香港航空は7機のA350-900を発注。COVID-19の世界的流行により，2017年8月に納入された初号機MSN124も含めて6機が運航を中止している。（©エアバス社/P・ピジェール）

未満の市場を十分網羅できますし，A350-900により長距離市場もカバーできます。このタッグチームは777-200ERの後継として堅実な解決策となるでしょう」

このように二大メーカー間で異なるクラスの航空機を導入する手法は，ほかにもヨーロッパ，中東，アジアの大手航空会社で多く見られる。2017年10月には，A350シリーズを合わせて67機購入している主要顧客の一つ，シンガポール航空がボーイング社の787-10を30機，777-9を19機発注した。A380とA350-900を運航するルフトハンザ航空は777-9Xの購入契約を締結。A380を世界で最も多く就航するエミレーツ航空も多数の777Xを発注している（150機）。2018年6月にはターキッシュエアラインズが25機のA350-900購入を定めた覚書を締結し，さらに25機の787-9発注を確定させた。イギリスではブリティッシュ・エアウェイズとヴァージン・アトランティック航空がドリームライナー（B787）を導入する一方で，2019年には両社ともA350-1000を就航させている。

つまるところ航空会社が求めているのは，規模を適正化できる能力，常に変わり続ける需要特性に路線ごとの収容旅客数を合わせられる能力にほかならない。したがって，座席数の規模で二つのクラスにまたがるような，性能の異なるさまざまな航空機を選ぶのは理にかなっている。エアバス社とボーイング社という両機体メーカーにとって都合のよいこの傾向はおそらく続くだろう。

ボーイング787-10

ボーイング787-10は，3機種ある787ドリームライナー・ファミリーのうちで最も大型長胴のモデルだ。2013年のパリ航空ショーでローンチされた。787-10の製造はサウスカロライナ州ノースチャールストンにあるボーイング社の工場に集約され，飛行試験用初号機N528ZC（製造番号60256）は2017年1月にロールアウト。2017年3月31日に初飛行を行った。

2018年1月19日にアメリカ連邦航空局（FAA）から型式証明を取得し，次いで2018年2月28日にはヨーロッパ航空安全機関から型式証明を取得した。量産初号機9V-SCA（製造番号60253）はローンチカスタマーのシンガポール航空に2018年3月に引き渡され，2018年4月3日に就航を開始した。

> 787-10は，テールストライクの可能性を検知すると，フライトコンピューターがエレベーターに指令を送り機首を自動的にピッチダウンさせる。

ド（搭載重量），航続距離といった性能の違いを補い合うさまざまな機種や同機種の派生型を製造する。

ワイドボディ機市場の最小クラスは座席数250前後のボーイング787-8とエアバスA330-800で，航空会社が旅客数の少ない路線や市場開拓に使えるようにつくられている。座席数250～300の区分には787-9とA330-900，座席数350以上の区分には777の新旧シリーズとA350-1000が適している。

787-10は座席数300～350の，ちょうど787-9／A330-900と777／A350-1000との中間の区分に位置する。僅差で争う競合機はA350-900。787-10は，通常2クラス構成の330席（ビジネスクラスが32席，エコノミークラスが298席）か，全エコノミークラスで最大440席に最

適化されている。有償貨物収容力は191.4m³で，運航距離は最長で6430nm（11,908km）だ。

787-10の航続距離はドリームライナーのほかのモデルほど長くない（787-8の航続距離は通常7355nm／13,621km，787-9は7635nm／14,140km）。もともと長くする意図がないからだ。787-10には，航空会社が中長距離路線の需要特性次第で収容旅客数を増やせるようにする（2クラス330席）という明確な目的がある。

サイズが大きい分，787-10は有償貨物の輸送能力も高い。ボーイング社の2018年版「空港計画のための航空機特性資料」によれば，787-10の床下貨物容量はLD-3コンテナ（各4.5m³）を前方貨物室に22個，後方貨物室に18個，計40個収容す

787-10の用途は？

双通路型ワイドボディ旅客機市場の多様なニーズに応えるため，二大航空機メーカーは，座席数，ペイロー

TAM航空が3機所有するA350XWBの初号機MSN24が2015年に初飛行する様子。3機はすべてLATAMエアラインズ・ブラジルに譲渡された。（©エアバス社/H・グッセ）

2019年6月3日に初飛行を行った中国南方航空のA350-900（MSN318）。
（©エアバス社/P・マスクレ）

ることができる。これとは別に容量11.4m³のばら積み貨物室も備える。貨物積載量は全体で787-9より15％，787-8より41％多い。

787-10はどこが違う？

姉妹機種787-8や787-9との最もわかりやすい違いは，その長い胴体だ。全長68mの787-10は63mの787-9より5.4m長く，57mの787-8より11.5m長い。翼幅60m，全高17m，胴体断面5.74mはドリームライナーすべての機種で共通だ。

787-10は技術的には787-9と同一で，胴体が前後に延びただけといえる。ボーイング社は787-9の胴体にフレームを5個足している。

787-10は，テールストライク（監訳注：離着陸時の過度の機首の引き起こしによって胴体尾部下面が滑走路と接触すること）の可能性を検知すると，フライトコンピューターがエレベーターに指令を送り自動的に

機首をピッチダウンさせて機体姿勢を調節する機能をもっている。これによって胴体と滑走路間の間隙を広げ，離陸時の機首上げと着陸時のフレアー（監訳注：着地直前に機首を引き起こして着陸させる操作）の安全マージンを拡大させている。

787-10とドリームライナーのほかの機種との間にはもう一つ大きな違いがある。それは，フラップ格納時垂直振動モード抑制システム（FoVMS: Flaps-up Vertical Modal Suppression System）と呼ばれるものだ。ボーイング社のFoVMSについては，アメリカ政府公報掲載のFAAの資料のなかで「特別条件の正当化理由」に詳述されている。その資料によると，787-10は胴体を延長したために，主翼，ナセル，胴体のドリームライナー本来のフラッター特性が低下したのだという。

フラッターを許容範囲内に抑える従来の方法は，主翼のねじり剛性を

高めるか，翼端部にバラストを加えるかのどちらかである。FAAの資料には，ボーイング社が「当社のビジネス目標にそぐわない」として，これらの選択肢を拒絶した，と記されている。同社は代わりに，787-10のプライマリ・フライトコントロールシステム（主自動制御装置）のノーマルモードに新しい制御則を導入してフラッター減衰範囲要件を満たすことを提案した。

資料は次のように説明している。「フラップ格納時，飛行包囲線の所定部分でFoVMSシステムが作動する。FoVMSはフィードバック制御で，エレベーターを対称振動させることによって3Hzの振動モードを減衰する。ブローダウン（監訳注：高い動圧によって必要な舵面角度まで動かせなくなること）やそのほかの制約によりエレベーターが作動しないと予測される場合は，フラッペロンを利用してエレベーターによる

制御入力を補強するか，あるいはエレベーターの代わりに制御を行う」

また，長胴型787-10にはGEアビエーション社製GEnx-1B76，あるいはロールス・ロイス社製トレント1000TEN（Thrust, Efficiency, New technology）のいずれかの大型ターボファンエンジンを搭載している。これもドリームライナーのほかのモデルとの大きな違いだ。

ボーイング社のデータシートによれば，787-10のGEnx-1B76モデルの離陸推力は76,100lb（34,518kg/34.52t），トレント1000TENの離陸推力は78,000lb（35,380kg/35.38t）だ。トレント1000TENは，A350-900に使われているトレントXWB-84用に最初に開発された中圧・高圧圧縮機と，A350-1000のトレントXWB97用に最初に開発された高圧タービンをスケールダウンしたものを用いている。

787-10はどう使われているか

787-10は，座席数300〜350の古くなった中長距離用航空機の後継に適している。すなわち，昔からおなじみのA330シリーズと777-200ERの後釜だ。ボーイング社によれば，787-10は運用コスト面で非常に優れている。A330や777-200ERより座席あたりの燃料費は25％低く，新型の競合機（たとえばA350-900）と比べても10％低いという。

ニュージーランド航空は777-200ERの後継として，すでにある787-9に加えて8機の787-10を発注した。評価や最終決定を行ううえで決め手となったのが，787-10の性能だったという。ニュージーランド航空はこう話してくれた。「類を見ない燃費効率のよさと，二酸化炭素

削減がもたらす利点を考えて，787-10を選びました」

当然ながら，787-10の顧客のほとんどは，ユナイテッド航空，シンガポール航空，ブリティッシュ・エアウェイズなどの大手航空会社だ。各社ともすでに，787-8と787-9のどちらか，または両方を運航させている。これらの大手は，ドリームライナーの最大モデル導入により，需要の大きい中核市場の収容旅客数を増やせるため，収益を最大限増やすことができるだろう。

また，航空会社における複数の最大手は，自社の運航ネットワーク内で機材を自在に振り分ける柔軟性を重視している。各路線に合わせて，旅客需要の変化パターンに対応するためだ。たとえば，収容旅客数の少

ない787-8を運航させていた路線で旅客需要が高まれば，代わりに787-10を投入すればその需要をうまくつかむことができる。あるいは，需要が下がった場合，その路線の機種を小型のものに代えることにより，運航は維持しつつコスト効率を向上させたうえ，そのほかの用途に787-10を確保することができる。

要するに，787シリーズは型式証明やシステムが共通なので，航空会社の柔軟な対応を可能にしているということだ。ドリームライナーのパイロットはサイズ違いのどの機種にでも乗務できる。そのうえ，整備，予備部品，客室構成，非常設備も標準化されており，その分コストも下がる。

ボーイング787-10の諸元

翼幅　60m
主翼面積　377m²
全長　68.20m
全高　17m
胴体断面　5.74m
最大離陸重量　254,011kg（254.01t）
最大着陸重量　201,849kg（201.85t）
最大ゼロ燃料重量　192,776kg（192.78t）
座席数　2クラス330席（1クラス440席）
貨物スペース積載容量　191.4m³（LD-3コンテナ40個分）
使用可能燃料　126,372L
巡航速度　マッハ0.85
上昇限度　43,000ft（13km）
航続距離　6430nm（11,908km）
エンジン　GE社製GEnx-1B76（離陸推力76,100lb［34,518kg/34.52t］）2基，またはロールス・ロイス社製Trent1000TEN（離陸推力78,000lb［35,380kg/35.38t］）2基
資料元：ボーイング社「空港計画のための航空機特性資料」，ゼネラル・エレクトリック社

第7章
航空界の
ビッグツインズ2
大型双発機：エアバスA350-1000 vs
ボーイング777X

マーク・ブロードベントが航空機メーカーの双璧，エアバス社とボーイング社のあくなき競争を描く。

A380が終焉を迎えた今，大型旅客機市場をめぐって競い合うのは航空機メーカーの双壁のみとなった。A350-1000とボーイング777Xの2機種はいまや，エアバス社とボーイング社の民間航空機市場における主導権争いの中心にある。

エアバス社がA350-1000に込める主要メッセージは至ってシンプル——完全新設計の最大ワイドボディ機，というものだ。

エアバス社によれば，A350-1000は777Xより航続距離が400nm（741km）長く，トリップコストが15％低く，座席あたりのコストが7％低いという。一方のボーイング社も負けていない。二つのモデルがある777Xのうちの777-9（もう一つは777-8）は，A350-1000より運用コストが10％低く，CO2排出量が10％少ないと主張する。

航空関連コンサルティング会社のCAPA（Centre for Aviation Consultancy）は双発旅客機市場をこう分析している。「いくつかの航空会社は，かつてA350-1000が活躍すると思われた旅客数の多いトップ路線市場には777Xのほうが適していると考えています。A350-1000に比べると，777-9のほうが適正コストで長い距離を飛ぶことができ，旅客貨物積載量も大きいという見方です。A350-1000は基幹路線や超長距離路線にはややペイロードが足りません。ただし，いくつかの航空会社はトップ路線ほどではなくとも旅客数の多い市場や，長距離だが777Xほどの航続距離は必要としない市場にA350-1000の出番があるだろうと見ています」

停滞する市場

両メーカーとも自社が手がけた大型双発機の利点を声高に主張するものの，A350-1000と777Xのどちらも売れゆきは芳しくない。

2019年2月，インターナショナル・エアラインズ・グループ社が，その傘下のブリティッシュ・エアウェイズ向けに777-9を最大42機発注した（確定18機，オプション24機）。777Xの確定発注はほぼ2年ぶりのことだった。ローンチから6年後の2020年7月31日までに確定発注された777Xは309機。A350-1000はそれにも及ばず，たったの170機しか売れていない。最近の発注は2019

©エアバス社

777-9は収容旅客数が400を超す初めての双発旅客機だ。ボーイング社によれば座席数は414。

年7月にDAEキャピタル社が契約した2機だが，もう1年以上前のことになる。

DAEキャピタル社のA350-900発注は，起業以来初となるものだ。2019年3月にはスターラックス航空が8機の購入契約を結んだ。それ以前の動きは，ヴァージン・アトランティック航空が8機発注した2016年にまでさかのぼる。ヴァージン・アトランティック航空とブリティッシュ・エアウェイズは2019年9月に初めてA350-1000の運航を開始した。

新型コロナウイルスの流行前ですらA350-1000と777Xの売り上げ数はこの程度だったのだ。ということは，単通路型機や，A330，A350-900，787といったやや小さめのワイドボディに比べると，大型旅客機市場が停滞している事実は揺るがない。

この状況は2019年パリ国際ショーで明らかになった。777Xの取引は行われず，A350シリーズへの発注もなかったのである。

ボーイング777X

ボーイング777Xファミリーは基本型の777-9と短胴型の777-8の二つ。旧777シリーズとの大きな違いはエンジンと主翼にある。777-9と777-8に搭載のGE9Xターボファンエンジンはファンの直径が3.4mあり，民間旅客機のジェットエンジンとしてはこれまでで最大だ。

777Xの主翼先端は折りたたみ式

A350-1000と双璧をなすボーイング
777X。（©ボーイング社）

で，展開したり格納したりすること
によって空港ゲートとの適合性を保
ちつつ，アスペクト比の最大化を
図っている。ボーイング社は主翼を
設計するうえで翼幅の最大化を優先
させた。空力的効率が高まるからだ。
しかし，翼幅が52〜65mの機種は
国際民間航空機関（ICAO）により
コードE航空機に分類されるのに対
し，747-8やA380のように翼幅が
65〜80mの機種は，これとは別の
コードFというカテゴリーになる。

777Xの翼幅は飛行中71.7mにな
るので，そのままだとコードFに分
類されてしまう。現在生産中の旧
777シリーズは翼幅が64.8mでコー
ドEだ。つまり777Xは現在活躍中
の機種と同じゲートを利用できない
ことになる。

そこでボーイング社がとった解決
策は，777Xの長さ2.1mの翼端部を
折りたたみ式にすることだった。地
上ではこの翼端先端部分を上に折り
曲げて立てた状態にすれば，777X

も現777シリーズと同じ翼幅64.8m
となって，空港ゲートの利用制限幅
に収まる。

翼端部はパイロットがフライト
デッキ上のコントロールパネルを
使って展開したり格納したりするこ
とになる。飛行中は先端を延ばし，
着陸後は上向きに折り曲げることに
よって，コードEの条件を満たす。
ボーイング社が設計したこの折りた
たみ式翼端構造（FWT: Folding
Wingtip Mechanism）は，機体が離

旧777モデルなどのこれまでの双発旅客機ファミリーと同じく，777-9と777-8は互いを補い合うように設計されている。

©エアバス社/P・マスクレ

©エアバス社/A・ドゥマンジュ

陸用滑走路手前の停止線に到着する前にフライトクルーが手動で指令を出して展開し，離陸時の所定位置にロックするようになっている。

ボーイング社の資料によれば，空港ごとにスポットや誘導路のサイズや配置が違う以上，FWT展開を自動で行うことは現実的ではないという。機体が着陸後，地上速度が50kt（93km/h）以下になると，翼端部は自動で折りたたまれる。

飛行中の777Xの翼幅71.7mは，777-300ERの64.8mよりは長いが，A380の79.7mには及ばない。

しかし，全長76.72mの777-9は，今のところ最長の双発旅客機であ

る。777-300ERより（胴体フレーム四つ分）2.1m長いだけでなく，全長76.2mの747-8よりもやや長く，全長72.7mのA380より4m長い。

777-9は収容旅客数が400を超す初めての双発旅客機である。ボーイング社によれば，標準の2クラスシート配列で座席数は414席で，777-300ERの2クラス396席より多い。フレーム内側形状を変更することによって，777-300ERより胴体両側でそれぞれ50mmずつ客室が広くなり，横一列10席の3-4-3配列が可能だという。

貨物収容量は777-300ERのLD-3コンテナ44個分から46個分に増え

た（前方貨物室に26，後方貨物室に20）。ボーイング社の「空港計画のための航空機特性資料」によると，777-9の基本最大離陸重量（MTOW）は351,534kg（351.53t）で，777-300ERと変わらない。航続距離は7525nm（13,936km）だ。

全長76.72mの777-9に比べ，777-8モデルは7mほど短い。座席数は777-9より少ないが（2クラスで365席），航続距離は姉妹機より長い8690nm（16,094km）だ。

旧777モデルも含めたこれまでの双発旅客機ファミリーと同じく，777-9と777-8は互いを補い合うように設計されている。収容旅客数が多い777-9に対し，777-8は航続距離が長く，高温かつ高地飛行場での運航，長距離運航かつ高温飛行場での運航，長距離運航かつペイロード重量の大きな運航，といった特殊なフライトを受けもつ。

A350-1000と同様に777XもCFRPを大量に使用している。777Xの全長32mの主翼桁は，旅客機用に開発された一体型複合材部品として最大級のものだ。777X用にシアトル郊外のエバレットに建てられたコンポジット・ウイング・センター（CWC）で，4本のCFRP製主翼桁と4面の外板パネルが製造される。主翼のCFRP製前縁，後縁，リブ，折りたたみ式翼端部はミズーリ州セ

航続距離6000nm（11,112km）のフライトでペイロードが同じなら，「A350-1000の離陸重量は777-9より45t軽い」とエアバス社は主張している。

ントルイスのボーイング社工場でつくられ，CWCまで運ばれて，桁と外板パネルに結合される。

ビッグツインズの違いとは？

両社が発表する数字のとおり，777-9はA350-1000より胴体が長く，かつ胴体幅も広く，翼幅も広い。ボーイング社の機種に搭載されるGE9Xエンジンはファン直径がトレントXWB-97より大きく，離陸推力も大きい。

だが，航空会社にとって本当に重要なのは航空機の運航にかかる経済的側面である。両社ともに自社の機種をよく見せようとするわけだから，接戦になるのは無理もない。

より大きな777-9は座席数が2クラス414席で，エアバス社の最大410席を上回る。これは当然，経済的側面の一つである座席あたりの運用コストに直接影響する。777Xの運用コストは，座席数が多い分，座席あたりにすればもちろん安くなる。ボーイング社は，座席あたりの燃料効率は777-9のほうがA350-1000より12％高いと述べている。

ただし，777Xは巨大な主翼に炭素繊維を多く使ってはいるものの，その構造はA350に比べると従来型といえる。胴体と中央翼ボックスはアルミ製だ。A350-1000のほうがCFRPを含む先端材料の使用率が高いため重量が小さい。777XとA350-1000では，ランプ重量に35,000kg（35t）以上の違いがある。エアバス社は主翼やその折りたたみ機構，そして「やたら重くて費用のかかる」エンジンのせいで，ボーイング社の777Xの総整備費用はA350-1000より37％は高いと主張している。

エアバス社は次のように明かしてくれた。「今はもう，最大離陸重量が大きいからといって機体が高性能あるいは大型，高効率であるとは限りません。777-9は，旧来の技術に新しい機体コンポーネントやアクチュエーター，90年代初期の金属製胴体，やたらと重いエンジンなどをいろいろ組み合わせてできています。要するに古さから目をそらすように表面をとり繕っているだけです。老体に鞭打っても限界があるのは明らかで，あと1000nm（1852km）飛べればA350-1000に対抗することもできるのに，それができない。長距離フライトではA350-1000のほうが10t分多く貨物を運べる計算にもなり，その分，航空会社の収益は増えます」

さらに，航続距離6000nm（11,112km）のフライトでペイロードが同じ場合について，エアバス社は「A350-1000の離陸重量は777-9より45t軽く，フライトで燃焼する燃料量は10t少なくなるでしょう」と話す。

エアバス社の主張は続く。「私たちのA350-1000の標準最大離陸重量は777-9より44t軽い。現金運用コストも777-9より16％安く，それは主に燃料燃焼量が13％低いためです。基本的にA350XWBは新型の高性能な，大変信頼性が高く快適な航空機ということです。A350-1000は現代の最高のプラットフォームであり，さらなる発展の可能性も提供していくでしょう。一方，777-9はトリプルセブンの最終形態で妥協の産物です」

エアバス社の戦略的視点は，白紙状態からの設計がこの市場では特に大事であるということだ（ただし，A380の経験を踏まえて同社もよく自覚しているとおり，この戦略が確実ともいえない）。エアバス社は語る。「新機能と旧来の設計を組み合わせてもうまくいきません。結局は妥協せざるを得なくなり，そのことが体系的に影響して，全体的に見ると経済的利益を失う結果になります。たとえばエンジンを大型にすると，エンジンに限っていえば燃料消費量が減るかもしれません。しかし，機体の重量や摩擦抗力は確実に増えますし，雪だるま式に主翼構造や中央翼ボックス構造に悪影響を与えます」

ボーイング社はもちろん反論し，777XはA350-1000より運用コストが10％安いと主張している。また，二酸化炭素排出量はA350-1000より12％少なく，燃費効率は20％高いとしている。

民間航空機業界の老舗調査企業であるリーハム・ニュース・アンド・インサイト社は，777-9はその座席数の多さで有利な立場にあると分析している。同社によれば，エアバス社のA350-1000の運用空虚重量は非常に軽いが，トレントXWB-97よりややあとに設計されたGE9Xのおかげで，777-9のほうが1座席1マイルあたりのコストが3％低く，「長距離でその効果が現れる」のだという。

評価基準を変えれば結果は少し異

なる。リーハム社は，1座席1マイルあたりのコストに関して，通常の平均的な3000nm（5556km）前後の区間をベースにすれば，A350-1000の重量が軽い分，777-9との差は2％に縮まるだろうと説明する。

リーハム社によると，「同様の座席利用率で1座席1マイルあたりコストの違いが3％以内，そしてA350-1000のほうが軽いので1航空機1マイルあたりのコストが9.6％低い。そうなると，航空会社がA350-1000と777-9のどちらを選ぶかは，その航空会社の路線構造で求められる収容旅客数がどのぐらいかの問題」になる。

結局は，コンサルティング会社のCAPA社（Centre for Aviation Consultancy）が指摘するとおり，旅客機間の競争，そしていずれの機種が優れているかの判断は，個々の航空会社が必要とする特定の収容旅客数，ペイロード，航続距離の条件次第ということだ。これらの条件は当然ながら航空会社の間でまちまちであり，ある市場には777Xが向き，別の市場ではA350-1000が好まれるだろう。

CAPA社の言葉に再度耳を傾けたい。「いくつかの航空会社は旅客数の多いトップ路線市場には777Xのほうが適していると考えています。A350-1000に比べると，777-9のほうが適正コストで長い距離を飛ぶことができ，旅客貨物積載量も大きいという見方です。A350-1000は基幹路線や超長距離路線にはややペイロードが足りません。ただし，いくつかの航空会社はトップ路線ほどではなくとも旅客数の多い市場や，長距離だが777Xほどの航続距離は必要としない市場にはA350-1000の出番があるだろうと見ています」

©エアバス社／J・V・レイモンドン

©エアバス社／P・マスクレ

第8章 枯れた市場

マーク・ブロードベントが，なぜ大型双発機の販売が伸び悩んでいるかに迫る。

　最新大型旅客機の販売成績不振の一因は，最大級の航空機を購入する大手航空会社がすでに必要な機材を発注してしまっていることにある。エミレーツ航空，エティハド航空，ブリティッシュ・エアウェイズ，ルフトハンザ航空，カタール航空，シンガポール航空といった大手は，A350-1000またはボーイング社の777Xのどちらかをすでに発注済みだ。ブリティッシュ・エアウェイズとカタール航空などはどちらの機種も発注している。製造枠は2020年代の間しばらく埋まっており，これらの大型機を実際に運用できるのはまだ先のことだ。このせいで興味がそがれている可能性はある。

　もう一つ，旅客数の多い特定市場にサービス提供する航空会社の多くが，比較的最近，需要に応えるための機材を投入したばかりであることが，新型機需要をさらに押し下げる要因に

なっている。コンサルティング会社CAPA社（Centre for Aviation Consultancy）の分析にあるとおり，ボーイング社の777-300ERが初めて就航したのは2004年にさかのぼる。経済的側面と運用コストに優れたこの大型双発機の登場により，長距離路線の競争図は塗り替えられた。しかし，CAPA社が述べるように，「すべての777-300ERのうちの半数は，2012年以降につくられている。これらの機体の後継はどうするかを検討するのはまだ先のことだ。777-300ERより古い機体ですら，寿命を迎えるまで何年もある」のが現実だ。

　設備投資上の決断が777-300ERの成功を支える一因になっている面もある。CAPA社の分析では，777-300ERの初期資本コストは「かなり抑えられ，ほとんどかかっていないといってもよい」。777-300ER

は，旅客数を手っとりばやく増やしたい航空会社にとってコスト効率のよい設備投資なのだ。たとえばユナイテッド航空は777-300ERを2016年12月に初めて投入し，現在は22機を運用している。

　新型ではなくとも十分役に立つ機材，しかも最新鋭の777XやA350-1000より設備投資費が安い，となればその存在は大きい。短期から中期的に見ても，新型機の需要を下げる要因となりえることは想像に難くない。一方で，個々の航空会社の計画に依存する部分も大きい。ブリティッシュ・エアウェイズはユナイテッド航空と同様に，777-300ERを追加注文したものの，結局は777-9とA350 1000の両型機とも入手する予定でいる。

　しかし，収容旅客数が最大の航空機に対する需要に最も大きな影響を与えている要因は，大型機が提供す

る収容旅客数，航続距離，最大離陸重量に見合うだけの十分に大きなネットワークや人，または物の流れを有する大手航空会社の数が少ないことだろう。この事実がA380を葬る原因となった。

この問題がいかに最大航空機の売れゆきを抑えているかは，A380の受注状況の記録が物語っている。同機を運航する航空会社はたったの15社。ドバイをハブとする多数の路線による交通量に支えられ110機の大フリートを擁するエミレーツ航空を除けば，ほとんどの航空会社は10〜12機程度しか保有していない。所有機数がもっと少ない航空会社もある。アシアナ航空，カタール航空，タイ国際航空などはそれぞれ6機，ANAにいたってはわずか3機のみ。シンガポール航空とルフトハンザ航空はどちらのグループにも当てはまらず，それぞれ24機と14機を所有している。

変化する市場

売れゆきを左右するまた別の問題が存在する。航空会社が求めるものに起きている大きな変化だ。CAPA社のアナリストが指摘する。「航空会社の管理職や経営陣の間に，リスク回避の方向に構造調整が働いている可能性があります。今は多くの航空会社が保守的になっており，小型の航空機を選ぶことで規模を縮小しつつ，都市間路線の選択肢は広く残しておこうとしています」

その結果，新型ほど大きくないが効率や性能面で決して見劣りしないA330や787といったワイドボディ機の需要が高まる一方，各社ともA350-1000や777Xクラスの大型機には食指が動かないわけだ。事実，小型機種にオーダー変更した航空会社が何社かある。2017年に，キャセイパシフィック航空が発注済みの6機のA350-1000をA350-900に振り替えた。2018年にはユナイテッド航空が同様に，45機のA350-1000をA350-900に変更した。

特定の市場用に超大型航空機を少数だけ発注する，というように選択的な買い方をする航空会社もある。たとえばヴァージン・アトランティック航空の保有機材は今後，大多数が小ぶりな787-9やA330-900となり，入手予定の12機のA350-1000はそのごく一部でしかない。一方，ブリティッシュ・エアウェイズはA350-1000と777-9を同社の長距離用フリートの一部として787と併用する予定だ。2019年6月に，エミレーツ航空のティム・クラーク社長は，『シアトル・タイムズ』紙のインタビュー記事で，115機予約している777X（同機の最多発注数）に関して再交渉中であることと，そのうちの何機かを787に振り替える可能性があることを認めた。

さらに，双発旅客機市場の動向に対しては，単通路型ジェット機のペイロードまたは航続距離能力の向上が変化をもたらしている。2019年6月にローンチされた航続距離4700nm（8704km）の新型A321XLRが好例だろう。ボーイング社が発行した2019年6月の「民間航空機市場予測（CMO: Commercial Market Outlook）」によると，2016年以降に開設された3000nm（5556km）超の新路線で単通路機が使われているものは40近くにのぼるという。

単通路機の性能が上がったことによって，エアバス社にしろボーイング社にしろ，多数の旅客を乗せて長距離を飛ぶ路線を独占できなくなった。その結果，ワイドボディ機市場は細分化してきている。

ボーイング社の「民間航空機市場予測」で述べられているように，単通路機の台頭に加え，低コスト長距離航空サービスの成長と，ハブ空港を介さない直通便が好まれる傾向によって，今後もワイドボディ機市場は頭打ちだろう。予測によれば今後20年間で単通路機の新規販売数は35,000機以上，一方で新型ワイドボディ機に対する需要は8340機程度とされている。しかもこの予測はすべてのワイドボディ機を含めた数字であり，8340機のうち，最大機種が占める機数は示されていない。

同様に，エアバス社は2019年の同社航空機市場予測の「グローバル・マーケット・フォーキャスト」で，需要の内訳を350〜399席の機種が1450機，400〜449席の機種が730機，450席以上の機種は485機と見積もっている。次の20年で150〜249席クラスの航空機推定需要が29,455機であるのに比べるとかなりの違いである。

ただし，だからといって777XやA350-1000クラスの大型機需要がなくなるわけではない。サイズ，航続距離ともに最大規模の機種にも役割のあることは，航空会社最大手の発注状況に表れている。結局のところ，航空会社は，自社ネットワークを計画，運営していくうえで，多様な選択肢があることを好む。ペイロード，航続距離，座席数，貨物積載量が異なるさまざまな機種があれば，柔軟性が高まるからだ。したがって，大型機も，その役割はこれまでより限られているとしても，各社機材群の大事な一部であり続けるだろう。

第9章 航空会社

A350を運航する各社について，バリー・ウッズ＝ターナー，ゴードン・スミス，マーク・アイトンが情報を集結する。

1. ブリティッシュ・エアウェイズが誇る新しい主力機

『エアライナー・ワールド』誌で編集者を務めるゴードン・スミスが，ブリティッシュ・エアウェイズのA350-1000をレビューする。

ブリティッシュ・エアウェイズのA350-1000初号機G-XWBA（MSN326）は2019年7月29日に引き渡され，その6日後に就航を開始した。

ロールス・ロイス社製トレントXWB-97搭載の同型機をブリティッシュ・エアウェイズが18機発注したのは2013年の4月。就航開始によって，

ブリティッシュ・エアウェイズは，カタール航空，キャセイパシフィック航空に次ぐ3番目のA350-1000運航会社となった。また，新型機にはクラブ・スイート（Club Suite）を初めて導入。プレミアムサービスの大幅なアップグレードは2000年以来となった。

最新世代の機体だけあって，A350

はこれまでのほとんどの航空機より静かだ。ヒースローのように周辺市街地に気を遣う空港にとってはカギとなる。燃料消費量は従来型機より約25％低く，快適な客室空間も大きな特長の一つだろう。機内の空気は2，3分おきに入れ替わり，時差ぼけを和らげてくれる。機内の気圧は高度6000ft相当（1829m／監訳

注：従来機では8000ft［2438m］，ボーイングB787も6000ft相当）で湿度も高めだ（監訳注:胴体が複合材製で腐食の心配がないため，湿度を高くすることが可能となった。B787も同様）。

　ブリティッシュ・エアウェイズでブランド・顧客体験担当ディレクターを務めるカロリーナ・マルティ

ノリは，A350就航について次のように述べている。「当社の65億ポンドの投資計画の大事な一歩であり心躍る出来事です。しかもこの機体はクラブ・スイートがついているのでいっそう特別な存在です。すばらしい飛行機ですから，お客様にはきっと機内空間や照明，快適さをお気に入りいただけると思います」

新たなメンバー

　ブリティッシュ・エアウェイズはエアバス社の昔からの顧客だ。新型コロナウイルス大流行による航空会社のロックダウンがなければ，エアバス社製の機体を100機以上運用していただろう。もっとも，ブリティッシュ・エアウェイズといえば787ドリームライナーのイメージが定着し

ており，新世代トリプルセブンも登場したとあって，古くなったワイドボディ機の後継に同社がA350を選ぶとは限らなかった。

　主要路線を運航する航空会社が新機種を投入するときの定石どおり，ブリティッシュ・エアウェイズもA350-1000を長距離で使用する前にまず地方路線に割り当てた。2019年8月の3週間，同機はハブ空港のヒースローとマドリード＝バラハス空港（ブリティッシュ・エアウェイズと合併してインターナショナル・エアウェイズ・グループ社を設立したイベリア航空の本拠地）間を往復して，乗務員の慣熟訓練や，初期に発生する問題の解消に役立てた。

　マドリード発ヒースロー行きの

BA465便に搭乗し，新型機の乗り心地を味わわせてもらったことがある。たったの1時間42分の飛行時間ではこのブリティッシュ・エアウェイズの最新鋭機を知りつくす時間的余裕はなかったが，広々とした空間，照明や全体的な洗練さは機内に足を踏み入れた瞬間に感じられた。濃紺と無機質な色合いを基調とした深みのある色彩で，病院のような雰囲気に陥ることなく上品に仕上がっている。

　ブリティッシュ・エアウェイズのA350-1000は3クラスで構成されている。（クラブ・スイートを設置している）クラブ・ワールドとワールド・トラベラー・プラスがそれぞれ56席ずつと，ワールド・トラベラー（エコノミー）が219席の，合わせて331席だ。

　同社の777シリーズはすべて3-4-3配列で高密度化させているのに対し，A350-1000の乗客はエコノミークラスでも3-3-3のゆったりした配列を期待できる。ワールド・トラベラー・プラスで2-4-2配列なのはややプレミアム感に欠けるが，レカロ社製シートに身を沈めると，足元のスペースは広々とし，足載せも

トゥールーズからロンドン・ヒースローへデリバリーフライトに飛び立つ，ブリティッシュ・エアウェイズのA350-1000機 G-XWBA（MSN326）。（©エアバス社／F・ランスロー）

ついていて，エコノミーより一列あたり一席少ないだけという事実はすぐに忘れさせてくれる。

クラブ・スイート

それよりも気になるのは一番先頭の客室だ。この新型機が注目を集めている大きな理由でもある。ブリティッシュ・エアウェイズは最新のビジネスクラス製品の発表にA350-1000を使っている。クラブ・スイートは，ほぼ20年ぶりに大胆に一新されたプレミアム客室仕様。コリンズ・エアロスペース社製シート「スーパーダイヤモンド」は全席通路に面し，プライベート空間を重視したスライド式ドアとフルフラットシートが特徴だ。ブリティッシュ・エアウェイズによれば，既存のクラブ・ワールド製品に比べ，手荷物収容空間が40％広くなり，トイレまでほんの数メートル歩くのも億劫な人のために鏡台ユニットまでついている。

座席配列は，これまで酷評されてきた2-4-2ではなく，1-2-1配列となった。最近では，世界中の贅沢なビジネスクラス客を惹きつけようとして航空会社がこぞってとり入れている。新しいクラブ・ワールドのシートは通路に出やすいうえに，全席が前に向いているのも改善点の一つだ。窓側の席は斜めに外を向いている。中央の2列は互いのほうに斜めに内側を向いたヘリンボーン配列で，プライバシー確保のため間に仕

©AirTeamImages／アダム・テツラフ

切りがついている。

私が座った席は5A。A350特有の奥行きのある窓二つに面した絶好の位置だった。空中で形を変えて空力効率を最大化させる革新的な適応型の主翼をこの目で見ることができる。

クラブ・スイートが注目を浴びた大きな理由は「ドアつき」という点だったので、出発前にこの新機能を試してみようとする人が散見されたのは予想どお

り。ただ、ドアを閉めようとどう頑張ってみても、まったく動かないことがすぐにわかった。巡航高度に達するまでドアのロックは解除されません、という丁寧な説明が客室乗務員からあって、ようやく誰もが納得した様子。本フライト区間は特に短いため、食事や飲み物提供の間はドアを開けたままにしていただきますよう、とのことだった。

ヴァージン・アトランティック航空の新ビジネスクラス「アッパークラス・スイート」についているドアは1/3ほどしか閉まらない。これに比べると、ブリティッシュ・エアウェイズのクラブ・スイートはほとんど完全に閉まるので、プライバシーを重視する人にはいいかもしれない。閉まった状態で数センチの隙間があるが、これは座席の外殻が飛行中にがたつくのを避けるためだ。

席に深く腰かけると、ダークグレーのウール製フェルト地が内側に貼られたドアやシート後方を覆うパネルにすっぽり囲まれる。ステンレスや木製部分が多いなかでもなかなか快適だ。

仕事をするにも遊ぶにも、プレミアムクラスのシートでは使いやすいテーブルが不可欠となる。ありがたいことにクラブ・スイートには安定感のあるテーブルがついており、使わないときは機内エンターテインメント（IFE）ユニットの下にしまっておける。テーブルは引き出す方向に効率よく2倍のサイズに広がるように2段階で開く。裏側にある留め金の位置がわかったあとは使いやすい。

Wi-Fi、ユニバーサル仕様のコンセント、USBポートに加え、パナソニック製のIFEモニターはなんと470mmの高解像度スクリーンだ。

エコノミークラスでもビジネス／ファーストクラスでもいまや当たり前のとおり、IFEはリモコンとタッチスクリーンのどちらでも操作できる。

インターフェースはだいたい直観的なつくりだ。ホーム画面の「インフォメーション」を指す「i」のボタンを押すと、すぐに四つのシートクラスを説明する一文が表示される点には違和感を感じた。不満とはいえないほど些細なことだし、いずれ解消されるだろう。

スペインの首都までちょっと飛ぶのは乗務員の慣熟訓練にはよいかもしれないが、長距離フライトを想定するには完璧とは言い難い。ブリティッシュ・エアウェイズもその点は認めている。そのため、ブリティッシュ・エアウェイズはヒースローの本社の地上で長距離フライトのシミュレーションを行っている。8月中旬の試乗には331人のボランティアが参加。客室乗務員、IFEや機内食担当チームが提供するサービスをあらゆる側面から調べ、大陸横断フライトを実施する前に必要なマイナーチェンジを行う機会が設けられた。

昔からブリティッシュ・エアウェイズといえば、ビジネス／ファーストクラスの斬新なデザインで知られていただけに、思い切った特別仕様がないことにがっかりした向きもいる。しかし、大多数の乗客は快適で美しいクラブ・スイートを満喫するはずだ。

2. カタール航空
——より大きく, より快適に

バリー・ウッズ＝ターナーが初就航前のカタール航空A350-1000を取材した。

©エアバス社

最新鋭機の引き渡しを記念して, エアバス社とカタール航空は世界中の招待客や報道陣のためにこの機会にふさわしい壮大なイベントを開いた。

ショーの主役はカタール航空のA350-1000初就航機A7-ANA（MSN88）。一日中エアバス・デリバリー・センター前に停められたその姿は, 夜のプログラムのときは最高の背景をつくり上げていた。MSN88はカタール航空が発注した42機のうちの第1号だ。34機のA350-900と合わせると, 同社は世界でA350XWB保有機数の最も多い航空会社となる。

同機はまた, エアバス社製の航空機の歴史において, カタール航空独自の新しいビジネスクラス仕様Qスイートがしつらえられた初めての機体でもあった。胴体が7m延長されたA350-1000には座席を44席追加することができる。

エアバス社の展望

退任の決まっているエアバス社民間航空機部門社長兼COO（最高執行責任者）のファブリス・ブレジエは, 式典の場で次のように語った。「当機の引き渡しは, 私たちエアバスそしてカタール航空様との提携関係に非常に大きな意味をもっております。A350の開発は2007年初期に始まりました。カタール航空様には

当時からすでにご協力いただいていました。A350-900初号機をお引き渡ししたのは2014年末です。そして今日ここに, A350-1000初号機をお渡しする運びとなりました。このモデルは, 当初お伝えしていた仕様をさらに超える性能を備えていることがわかっており, 励まされる思いです。A350-900計画やその運航性能から学んだこともありましたし, また, 性能向上の可能性を計画の最初から設計に組み込んでいたためでもあります」

ブレジエはさらにこう続けている。「A350-1000は, ボーイング社の777-300ERフリートの後継機を探している航空会社にとっては最適

の機体となるでしょう。同様の寸法でありながら燃料効率が25%高く，航続距離も驚くほど延びました。2022年～2023年ごろに大量の777-300ERが交代時期を迎える波が来ます。その後継として私たちはA350-1000を売り込んでいくつもりです。今こそ潜在顧客にもっと大々的にアピールし，本機の利点を広めるときです。サイズ，重量，経済的側面において777-9より優れた選択肢であることは間違いありません」

究極のフライト体験

「何もせずに世界のトップになることはできません。ですから，私たちはエアバス社のような企業と手を組んで歩み続けてきました」。これは，カタール航空グループCEOアクバル・アル＝バーキルの言葉だ。

アル＝バーキルはこう話した。「A350-1000はA350-900より座席数が40席多く，1座席1マイルあたりのコストも低い。設計にかなりの改変を加えたおかげで姉妹機（A350-900）よりさらに燃費がよくなっています。カタール航空の本機初運航は来週の土曜日（2018年2月24日），最初の目的地はロンドン・ヒースローです」

引き渡しが遅れた件についてアル＝バーキルは，同社の斬新なQスイートを設置するうえで生じた問題が原因だったと明かした。その説明によると，発端はメーカーのロックウェル・コリンズ社との間で起きた問題だった。ただし，Qスイートはもともと「大変複雑な計画」であり，機体へのとりつけが簡単にいかないことは予測していたという。エアバス社による引き渡しは予定どおり年内に行われたものの，Qスイートの設置と調整に予想より時間がかかっ

©エアバス社/D・ブリロード

てしまったとのことだ。アル＝バーキルが説明する。

「A350にQスイートをとりつけた際は，当社所有のボーイング777に設置したときに経験した以上の問題は起きませんでした。これまでのところ，Qスイートが装備された777型機は9機受領しています。また，すでに納入済みのほかの777やA350-900にもすべてQスイートを後づけする予定です。Qスイートを当社所有のフリート全機の標準装備

にするのが目標だからです。ただ，787ドリームライナーにはQスイートをとりつけることができません。胴体が狭く，Qスイートに合うサイズに適合させることもできないためです。Qスイートが装備された機体は，今日受け取ったもので16機目です。今後エアバス社から納入されるA350-900と1000のどちらにも，すべてQスイートが装備されます」

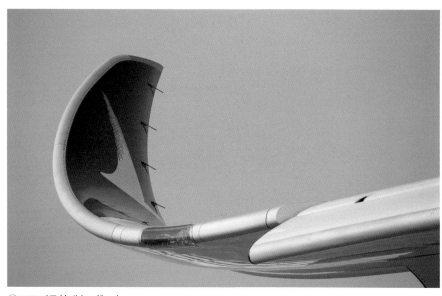

©エアバス社/H・グッセ

3. キャセイパシフィック航空
——大都市をつなぐ長距離路線

バリー・ウッズ＝ターナーがトゥールーズを訪れ，キャセイパシフィック航空A350-1000
初号機の引き渡しを直接目にしてきた。

　香港を拠点とするキャセイパシフィック航空は，基本型のA350-900を22機運航してきたA350XWBのベテランユーザーだ。初号機が納入されたのは2016年5月27日。20機発注した長胴型A350-1000の初号機B-LXA（MSN118）を受領したのは2018年6月20日。B-LXAはその日デリバリーフライトに飛び立ち，12時間後に本拠地のチェクラップコク国際空港（香港国際空港）に到着した。

　当時，キャセイパシフィック航空の顧客および営業部門最高責任者の立場にいたポール・ルーはこう述べている。「A350-900の導入によって，当社の長距離便ネットワークをかつてない速さで拡張することができ，お客様にノンストップ便の選択肢を広くご提供できるようになりました。それと同時に，アジア最大のハブ空港としての香港の地位も強化することができました。A350-1000は運航距離が驚くほど長く，燃費効率がすばらしく，そして従来よりとても静か。客室の快適性はほかを寄せつけず，経済面で非常に魅力的です」

　キャセイパシフィック航空は2018年7月1日に，最も旅客数の多い香港－台湾間定期便の就航にA350-1000を導入した。地方路線で最初の乗務員慣熟訓練を終えたあと，9月15日に香港－ワシントンDC便の運航を新たに開始している。航続距離8153nm（15,099km）の路線は，同社のノンストップ便で最長のものだ。

必要に駆られた変革

　新型機の導入は，キャセイパシフィック航空にとって重要なステッ

プだった。同社は2016年にほぼ10年ぶりに赤字転落し，再編にとり組んできた。業績悪化の原因は複数あると考えられた。変動する原油市場の価格下落時に利益を生み出せなかったこと，2016年2月に香港民間航空局が下した燃油サーチャージ非適用決定による収入減，そして何よりも競争の激化があった。格安航空会社の香港市場進出はキャセイパシフィック航空の収益に大打撃を与えたし，成長を続ける中国系の航空会社が，昔からのキャセイによるヨーロッパや北アメリカへの長距離便運航に与えた影響も大きかった。

キャセイパシフィック航空CEOルパート・ホッグは，同社の社内誌『The Journey』2018年3・4月号の「ご挨拶」のページで，保有フリートとネットワークの増大が同年の二大最優先事項だと述べている。また，初めて導入されるA350-1000の登場により，同社ネットワークに新しい目的地が加わるだろうとも続けて

いる。

2016年の業績不振以降，キャセイパシフィック航空はあらゆるレベルで徹底して戦略を見直し，経営安定化に向け本腰を入れた。同社は2016年の決算報告の直後から，3年にわたる変革計画を始動させた。この過程で重要な側面の一つが，機材の刷新だった。当時キャセイパシフィック航空には，エアバス社とボーイング社に確定注文した機体が合わせて78機あった。2021年に，21機発注した777-9Xの一機目を受領するはずだったが，製造計画の遅れと新型コロナウイルス流行により，これは実現しそうもない。7月にキャセイパシフィック航空は，残りのA350-900とA350-1000の受領を延期。777-9についても同様の措置をとるべくボーイング社と交渉している。

ほとんどの旅客が機内におけるインターネット接続を必須条件と考え，航空会社を選ぶ際の判断材料に

していることを伺わせる調査結果がある。キャセイパシフィック航空のA350型機ではすでに，全フライト中Wi-Fiが利用可能だ（19香港ドル）。

また，大半の旅客がラップトップパソコンやタブレットなどのパーソナル機器をもっているにもかかわらず，長距離フライトの予約時にはいまだに機内エンターテインメントの優先度が高いことがわかっており，これも2020年中にアップデートされる予定だ。さらに，2030年代の初めまでには，A350-1000にすでに装備されているものと同じ最新のエコノミーおよびビジネスクラスのシートが機材の70％に導入される。

©エアバス社/H・グッセ

4. ヴァージン・アトランティック航空 ──空飛ぶ真紅の宝石

ゴードン・スミスがヴァージン・アトランティック航空のA350-1000で大西洋横断フライトを体験してきた。

ブリティッシュ・エアウェイズがエアバス社の新型ワイドボディ機A350-1000を導入してから1カ月後，ヴァージン・アトランティック航空もこれに続いた。最大のライバル同士であるこの2社が，少なくとも次の10年間は何を売りにするのかを，消費者や航空業界に示す手段

として同機体を使うからには，両社の客室構成を直接比較しないわけにはいかない。

いかにもヴァージン・アトランティック航空らしく，同社は新しい主力機の誕生を記念して，ヒースロー空港とニューヨークJFK空港を結ぶ特別便を飛ばした。

お祭り騒ぎのなか，私は華やかな宣伝文句に惑わされず，定期便の旅客はどう感じるだろうかを見定めようと努めた。

ヴァージンならではのA350とするためにとり入れたものは何だったのか，同社の顧客体験部門長ダニエル・カーズナーに尋ねた。すると，

次のような答えが返ってきた。「ニューヨークとドバイにデザインハンティングチームを何度も送り出し，接客業，自動車業界，小売業，住宅部門を調査してヒントになるものを探りました。問題は，そうして学んだものをどうやって航空機にとり入れるかということでした」

就航は目まぐるしい業界再編のときと重なっていた。デルタ航空は昔からヴァージン・アトランティック航空の株式を49％保有している。最近行われたエールフランスKLM社による30％の株式取得によって，ヴァージン・グループの持ち分はわずか21％となった。その結果，熱烈なヴァージンファンの間では，同社ならではの洒落た個性が失われるのではないか，A350は鉱山のカナリアの役割（監訳注：危険を知らせるシグナル）を課せられるのではないか，という懸念の声があった。強大な影響力をもつ株主が大西洋の両側で，投資に対する大きなリターンを期待しているとあらば，型破りで比較的小規模な同社の金のかかる奇抜なアイデアもそう長くは続かない

©ヴァージン・アトランティック航空

のでは？ それは違う，とカーズ
ナーは話す。カーズナーによれば，
そういう個性こそが，混み合った市
場で同社ブランドの強みを固めるの
に役立つからだという。ヴァージン・
アトランティック航空が売りにして
いる豪華なAV機能の一例として注
目に値するのが，A350のエコノミー
クラスで使用されている機内エン

©ヴァージン・アトランティック航空

ターテインメント用のスクリーン
だ。同社が保有するほかのボーイン
グ社製，エアバス社製機材のビジネ
スクラス（Upper Class）で現在使
われているものより大きい。

　いうまでもなく，スクリーンがピ
カピカの新品でも中身が伴わなけれ
ば勝負にはならない。幸いなことに，
外のカメラから見た機体の姿を眺め
るのが大好きなのは航空ファンだけ
でなく一般の旅客も同じであること
を，ヴァージンの舞台裏で働くどな
たがよくご存じのようだ。最高級
のカメラ一式と，全乗客に映像を提
供する機能に同社が大金をつぎ込ん
だという業界の噂は本当であること
をカーズナーは認めた。「テールカ
メラ（監訳注：機体上面と下方の景

色が同時に見られるよう垂直尾翼に
とりつけたカメラ）のなかでも最上
位モデルを使ったために出費がかさ
みました。そのうえ，搭乗客の全員
の方が映像を見られるようにするた
めにさらに費用がかかりました。
A350型機の運航会社のなかには，
フライトデッキで（パイロットが）
使うためのテールカメラを備えたと
ころもありますが，乗客が映像を見
ることはできません」

　同時にカーズナーは，インマル
サット衛星経由の機内Wi-Fiも
ヴァージン・アトランティックの強
みの一つとして強調した。「競合他
社の多くは速度が遅く利用上限の
あるWi-Fiを使っていますが，当
社の場合は無制限でご利用いただ

©ヴァージン・アトランティック航空

けます」

　この豪華なWi-Fiパッケージは，ますます贅沢な要求をするようになった乗客の声に応えるための一つの手段にすぎないそうだ。

将来の展望

　工場から届いたばかりの機体を褒めたたえるのは比較的簡単だが，航空会社にとっての真の課題は，機上のハードウェア製品が数年経ったあともまだ他社に引けをとらないようにすることだ。カーズナーの説明では，大抵のシートの場合，例外を除

いて通常はだいたい8年が寿命だという。ただし，この期間には長期にわたる設計や製造前の過程が含まれていない。これらのプロセスは商品として本格展開される前の2〜4年前から始まる。カーズナーは「10年のサイクルのうち飛んでいる期間がだいたい8年です」と述べる。

　カーズナーによると，ヴァージン・アトランティック航空は「会社の規模に対して不釣り合いなほど大きな設計チーム」を抱えている。同社がこのような細部に重きを置いていることがわかるだろう。ヴァージンの

A350にしつらえられた特注備品の贅沢さや，高級な生地や仕上げの奇抜なセレクトは，こういった投資の副産物かもしれない。

　集中的な営業計画に組み入れられたとき，このような個性的な特色が実用面で問題とはならないのか，カーズナーに尋ねた。「5年6年，または7年たってもまだ見劣りがしないように設計されているだけでなく，現在進行形で学んだことをすぐにとり入れてもいます。毎回のフライトごとに乗務員や乗客から情報を受け，それをシステムにフィード

バックして分析しているのです」

　実践中のこのポリシーについて踏み込んだ説明を求めると，カーズナーはすぐに次の二つの例を挙げてくれた。「現在使用しているシートは非常によい性能なのですが，長い目で見ると革製のシートクッションのほうがよさそうだということがわかりました。あとは，トレーテーブルの上に敷くランチョンマットですね。最初に導入したものは滑りやすいことがわかったので今は新バージョンを使っており，かつその次のバージョンを開発中です。私たちは常に，見た目だけでなく機能性も確かなものにするよう，どう製品を進化させていくかを考えています」

　ブリティッシュ・エアウェイズが旧クラブ・ワールドを思い切って一新させたクラブ・スイートがここ数カ月大きな話題となっている。ヴァージン・アトランティック航空は，目新しさと標準化とのバランスをどうとっていくのだろう？　カーズナーは「製品の継続性は大事です。ただ，それよりも重要なことがあるとすればそれは，できる範囲で既成概念の枠を超えることだと思います」と答えた。「航空会社の多くは現状に満足しているか，製品の継続性を言い訳にして進化しようとしていません。座席の通路アクセスのよさ，フルフラットシート，業界最高のネット環境，乗客が集うスペースなどは極めて重要なことです。私たちはこれからも，製品の継続性よりも進化や顧客体験の向上を優先させていくでしょう」

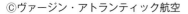
©ヴァージン・アトランティック航空

©エアバス社

　2014年11月，アトランタを拠点とするデルタ航空はA350-900とA330-900neoを25機ずつ発注した。

　この発注について，当時，デルタ航空機材戦略および取引部門長だったナット・パイパーが説明する。「A350とA330neoはデルタ航空の長距離大西洋戦略を支えるものです。ボーイング社製とエアバス社製の機材群に加えることにより，デルタ航空の世界的ネットワークで類を見ない柔軟な運用が可能になります。また，株主の皆様に対する利益も増えるでしょう」

　デルタ航空は，ボーイング747-400と比較して座席あたりの運用コストが20％向上するA350-900の取得によって，太平洋ネットワークが最適化されることを例に挙げた。

　同社は，A350の新主力路線として，2017年10月30日に，デトロイト・メトロポリタン・ウェイン・カウンティ空港と成田空港間の運航を開始した。デルタ航空275便は，アメリカの航空会社が運航する初の

A350商用便だった。

　デルタ航空のA350の客室は，デルタ・ワンスイート（ビジネス）が32席，デルタ・プレミアムセレクト（プレミアムエコノミー）が48席，メイン・キャビン（エコノミー）が226席の306席で構成される。デルタ航空のウェブサイトには，同社のデルタ・ワンスイートに関して「スライド式ドアで仕切られたプライベートな空間に，使いやすく配慮された個人用収納スペースを設け，ワイドスクリーンの機内エンターテインメントシステムと高級感のある内装により，居住空間のような，ほかにはないビジネスクラス体験を提供します」と記されている。フルフラットベッドシートも提供されるという。

　プレミアムセレクトの乗客は，最大965mmのシートピッチ（座席間隔），最大470mmのシート幅，最大180mmのリクライニング，可動式のレッグレストとヘッドレストでゆったりくつろげる。

5. アメリカの航空会社と A350——デルタ航空とユナイテッド航空

マーク・アイトンがデルタ航空とユナイテッド航空とA350の歴史をたどる。

デルタ航空のA350-900初号機N501DN（MSN115）は2017年7月に引き渡された。（©エアバス社/A・ドゥマンジュ）

メイン・キャビンの乗客は，高解像度の座席背面スクリーンで無料の機内エンターテインメントを楽しめ，全列に備えつけの座席電源，大容量の頭上荷物棚，最新の2Ku（監訳注:Kuバンドと呼ばれる周波数帯を2回線利用する衛星通信の一つ）高速インターネット接続，iMessage，WhatsApp，Facebook Messengerの無料メッセージ送信サービスを利用することができる。2Kuを導入した旅客機はデルタ航空ではA350が初となる。

50機の発注から4年後に，デルタ航空は計画を変更し，A330-900neoを10機追加。目前に迫っていた25機のA350-900の購入予約を15機に減らした。当時，発注済みだった10機は，A330-900への振り替えも含めて柔軟な変更が可能なオプションつきで，2025〜2026年まで延期となった。2020年7月31日の時点で，新型コロナウイルスの流行による需要低下のため，デルタ航空はA350を10機運航し，3機は運航を停止した。残りの2機は受領待ちのままだ。13機は2017年7月から2019年2月までの間に納入された。

ユナイテッド航空

シカゴを拠点とするユナイテッド航空は，2009年12月に発表されていた仮予約に続いて，2010年3月10日にA350-900を25機，確定発注した。契約締結時には2016年から2019年にかけて納入される予定だった。この契約によって，1990年代初期のA320発注以来の同社とエアバス社の関係は維持された。

エアバス社顧客担当COO（最高執行責任者）のジョン・レイヒは，「世界最大規模の航空会社がその将来を託す機体としてA350XWBを選んだことこそ，この航空機の価値を表す何よりの証でしょう」と述べている。

しかし，ユナイテッド航空のA350にまつわる話はこれで終わりではない。2013年6月20日，パリ航空ショーで，ユナイテッド航空とエアバス社は，さらに35機の

いまだ実現に至らないA350-1000のコンピューター生成画像。（©エアバス社）

A350-1000を追加入手する契約を結んだことを発表した。エアバス社によれば，同契約は，ユナイテッド航空が発注済みである25機のA350-900をA350-1000に振り替え，かつA350-1000を10機追加発注するというものだった。

2013年6月にユナイテッド航空がどういう考えだったかはわからない。ただ，話には続きがあった。2017年9月，同社は再び契約を更新し，35機のA350-1000を45機のA350-900に変更した。

ユナイテッド航空のCFO（最高財務責任者）アンドリュー・レヴィは，A350-900特有のペイロード／長い航続距離の組み合わせが，同社の国際路線システムにとって理想的だと話した。2回目の契約変更については次のように説明している。「この一年間，当社の機材戦略が長期的に正しいかどうか，徹底的に見直しを行いました。その結果，A350は当社の機材交換の必要性や就航路線のネットワークに最適であることがはっきりしました」

そういうわけで話はついたのかと思いきや，2019年12月4日，ユナイテッド航空は，まだ誕生していないA321XR型機を50機発注したことを発表した。その日同社が発表したのは，ニュースのトップ記事となったその発注の件だけではなかった。プレスリリースの最終行には，「また，ユナイテッド航空は，同社の運用ニーズに合わせて，エアバス社製A350型機の受領を2027年まで延期するとしています」と記されていた。

A350の受領延期はこれで2回目だ。それだけでなく，2010年の最初の発注と最初の機体納入との間に17年もの空きが生じる。機材更新計画としては長くないだろうか。

それまでユナイテッド航空は，ボーイング777-200が2023年に退役するのに先立って，2022年からA350を受領する予定でいた。だが，2回目の延期によって就航予定が2027年まで延びている。今から7年後，新型コロナウイルスの影響がまだ残っているかもしれない世界で航空旅行市場がどのようなものか，誰に予測がつくだろう。

かつてはA350を777-200の後継にと考えていたユナイテッド航空。しかし，同社が保有する787ドリームライナー機材群を777-200退役後の長距離路線に使えることを考えると，そもそもA350は必要なのかと問いたくなる。

一つだけ，いつかA350がユナイテッド航空に納入されるとすれば，それは同社初のエアバス社製ワイドボディ機になることは間違いない。

■監訳者

東野伸一郎／ひがしの・しんいちろう

九州大学大学院工学研究院航空宇宙工学部門准教授。九州大学大学院応用
力学専攻修士課程修了。九州大学より博士（工学）の学位授与。JAXA（宇
宙航空研究開発機構）の客員研究員も務める。専門は無人航空機および飛行
力学。独自開発の無人航空機による南極・エチオピアなどでの科学観測フ
ライトの経験をもつ。実機小型飛行機・グライダーのパイロットでもある。

■訳者

小林美歩子／こばやし・みほこ

京都大学法学部卒。特許事務所勤務のあと，イギリス・リーズ大学応用翻訳
学修士号取得。2001年よりフリーランスで特許文書の外国出願用英訳に従
事。日本特許英訳文の品質を少しでも高めるべく日々奮闘中。

AIRBUS
A350
エアバスA350

2021年9月15日発行

監訳者	東野伸一郎
訳者	小林美歩子
翻訳協力	Butterfly Brand Consulting
編集協力	株式会社ナウヒア
編集	道地恵介，目黒真弥子
表紙デザイン	岩本陽一
発行者	高森康雄
発行所	株式会社 ニュートンプレス
	〒112-0012 東京都文京区大塚 3-11-6
	https://www.newtonpress.co.jp

© Newton Press 2021 Printed in Korea
ISBN 978-4-315-52445-1